自然资源部国土空间规划监测评估预警重点实验室资助研究项目
重庆市规划和自然资源局标准计划项目
重庆市规划设计研究院资助研究项目
重庆市自然科学基金资助项目

社区规划编制简明手册

孟 庆 刘亚丽 辜 元 著

中国建筑工业出版社

图书在版编目（CIP）数据

社区规划编制简明手册 / 孟庆，刘亚丽，辜元著
. —北京：中国建筑工业出版社，2023.9
ISBN 978-7-112-28742-0

Ⅰ.①社… Ⅱ.①孟… ②刘… ③辜… Ⅲ.①社区—城市规划—手册 Ⅳ.① TU984.12-62

中国国家版本馆 CIP 数据核字（2023）第 089882 号

责任编辑：黄 翊
责任校对：芦欣甜

社区规划编制简明手册
孟 庆 刘亚丽 辜 元 著
*
中国建筑工业出版社出版、发行（北京海淀三里河路 9 号）
各地新华书店、建筑书店经销
北京雅盈中佳图文设计公司制版
天津图文方嘉印刷有限公司印刷
*
开本：787 毫米 ×1092 毫米 1/16 印张：$9^{1}/_{4}$ 字数：177 千字
2023 年 8 月第一版 2023 年 8 月第一次印刷
定价：**78.00** 元
ISBN 978-7-112-28742-0
（41153）

序

在我国西部地区唯一的直辖市——重庆，城市社区规划工作蓬勃开展之际，编写和出版《社区规划编制简明手册》这样一册内容精要、兼具源流追溯和理论阐述、吸纳国内外特别是重庆市成功实践经验、配合《重庆市城市社区规划编制导则》和《重庆市社区人性化规划技术专题研究报告》成果作为社区规划的操作性指南，很是及时和必要。

1978 年召开的新中国成立以来的第三次全国城市工作会议，明确了城市规划的重要性与权威性。随着改革开放的实行，在统一认识和政策保证下，我国的城市建设以人类历史上空前的规模和速度发展，持续多年增量式的城市扩张积累起巨大的城市设施存量，惠及亿万个家庭。进入 21 世纪后，我国城市建设的巨大成就也伴随产生了不容忽视的“城市病”。这一时期建构的城市规划设计体系尽管经过了不断充实和改进，但其局限在于：在总体规模上偏重于谋划城市的土地和人口扩张而忽视了国土空间的可持续发展；在规划法规制定上偏重于适应市场化的土地开发，如居住区用地规划的一套技术经济指标主要着眼于新开发项目，以至于多年来旧城改造模式几乎等同于大面积的旧城区拆除，缺乏对原住民呼声的倾听，缺失对城市建设中的社会和文化因素的充分考量。虽然作为体制内单位的城市规划行政主管部门并未将社区规划纳入职责范围，但可喜的是，在与时俱进的改革之路上，国家和地方民政部门积极地逐步增加和拓展社区的服务功能。进入 21 世纪以来，部分经济发达地区的地方政府开始重视城市社区建设，从旧城改造发展到城市更新与社区整治行动。社区规划的研究成果和试点也逐年增多。

2015 年，党的十八届五中全会之后，习近平总书记主持召开了中央城市工作会议。这是我国在建设中国特色社会主义道路上取得巨大经济社会发展的基础上对城市发展的新认识和重大部署。这次会议强调了五中全会提出的“创新、协调、绿色、开放、共享”的新发展理念，坚持以人民为中心，坚持人民城市为人民的发展思想，启动了城市规划建设方向和方针的深化改革与重大转型。党的十八大和十九大以来，在中央密切关怀下，我国社区建设蓬勃发展，社区治理的目标更加明确。习近平总书记从政治高度指出，城乡社区处于党同群众连接的“最后一公里”；要把人财物和权责利对称下沉到基层，把为群众服务的资源和力量尽量交给与老百姓最贴近的基层组织去做，增强基层组织在群众中的影响力和号召力；要加强和创新基层社会治理，使每个社会细胞都健康活跃，将矛盾纠纷化解在基层，将和谐稳定创建在基层。这些重要论断把握时代特征，为拓展我国社会发展新局面提出了明确要求，为社会治理理论研究、规划编制、体制创新、工作部署、资源保障划出了重点。随着规划行政部门归属的调整和改革，各地的国土空间规划部门开始担负起组织社区规划的职责。包括重庆在内的许多城市中的社区规划师队伍迅速组建起来，城市社区发展规划与国土空间规划在微观和宏观两个层面彼此呼应和补充，使我国的规划体系进一步完善。近年来重庆市和全国许多城市社区规划优秀成果不断涌现，切实而效果显著地改善了城市普通居民的居住条件，广大城市人民的获得感、幸福感、安全感大大增强。可以说，今天我国迎来了后小康时代的城市化发展新阶段。这是习近平新时代中国特色社会主义思想在规划战线阔步前进的又一个里程碑。

如果你是一名从业多年的规划师，此时或许会回想起过去居住区规划设计中存在的问题：在详细规划设计中，各项技术性问题和经济指标，包括在容积率上和开发商的博弈，都是图上作业的方案思考的主要因素，而居住在其中的人的实际需求，以及历经岁月沧桑的乡土感情和地段历史风貌却往往被忽视。如今每一个社区的规划设计都要求规划工作者走进现实的社区空间，以人为本，深入发掘和分析它的既有特色、资源、优势和困境，听取居民和基层干部的意见和诉求。本书所包含和阐释的当代一系列新的概念，如社区治理、存量规划、在地性、微更新、社区资产、公众参与、弱势群体、社区生活圈、人性化设计等，以及由此创新的工作方法，已经成为规划的出发点和归宿。

如果你是一名社区规划工作者，那么本书力求帮助你在直接运用新的规划知识和原理投入工作，与社区干部和群众共同制定目标，做出可行方案，展望光明幸福的前景，努力使一座城市的既有社区焕发青春。

社区规划师只有在情感上也融入为之工作的社区，熟悉它的历史有如自己的身世，关心它的未来如同自己的造化，基于规划学理论，提供的规划方案才有可能真正合情合理，每一元钱的建设投资都用在点子上，既远近结合又能立竿见影。

社区规划师更需要认识到，在社区这个“小处”的规划服务，是“实现中华民族伟大复兴的中国梦、实现人民对美好生活的向往”的宏伟目标的组成部分。这样才会激发出无穷的热情、兴致、耐心、智慧和勇气。

有幸受邀为本书作序，我想借此机会表达一个见解：小社区，大学问。尽管城市社区规划的用地面积不大，却是一个涵盖技术、经济、社会、生态与文化等多学科的小区域大综合规划，也同时连带着具体的空间和设施的更新设计工作。如果社区规划的失策导致社区深厚的历史人文内涵的减损甚至消亡，那便会酿成一个街区乃至城市的遗憾。所以，对一位社区规划师的德才修养和品质要求，可说是集社会学家、建筑师、工程师、园林师、艺术家和文化学家于一身也毫不为过。这样说不是故弄玄虚，不是用深奥学识的大帽子来吓唬社区规划师，而是说在有限的经济条件下真正达成社区生活空间环境的改善，需要广博、过硬的知识和技术，要下很多功夫，才不至于在城市更新的名义下出现后果难以估量的失误。2022 年重庆市组织了“三师”（规划师、建筑师、工程师）进社区的创新行动，这无疑是一种眼界宽阔的创新工作方式。进一步来说，还应有社会学家、心理学家、教育学家和卫生学家，乃至方志专家的积极参与或咨询。

本书基于作者的自身实践和潜心研究撰写而成，内容扎实而丰富，本人读后也深得教益。它为重庆市社区规划工作的继往开来作出了可贵的贡献——树立了一座指向正确、清晰的前进路标。我深信，随着重庆和全国其他城市社区规划工作的全面推进、更丰富的经验积累和理论的进一步提升，城市社区生活的高质量发展将成为美好的现实。祝愿在“两个一百年”奋斗目标计日程功的未来岁月里，本书作者作为规划学人会适时再度合作，继续推进城市社区规划工作迈步向前。

黄天其
重庆大学教授
写于榕庐
2022 年 8 月

前　言

随着我国城镇化中后期的到来，作为国土空间规划的重要补充、应对空间规划由城市增量空间到存量空间规划转变的重要技术手段、实现城市高质量发展和居民高品质生活的重要途径，社区规划编制已得到越来越多的重视。1992年，上海市卢湾区瑞金街道、普陀区曹阳街道率先编制了《社区综合发展规划》。从2008年开始，深圳市作为我国改革开放的试点城市，进行了一系列的制度创新。作为中国的“改革之都”和“先锋城市”，深圳市开展了爱联社区规划编制的试点研究，摸索了适合深圳实际情况的社区规划工作方法，提出了完善中国城市规划体系的建议。2010年重庆市渝中区嘉陵桥西村和大井巷开展了老旧社区空间环境整治示范，探索通过社区规划推进社区治理（黄瓴 等，2017）。社区规划编制的探索工作在各地一直未曾停止。2018年12月，在重庆市规划和自然资源局的推动下，重庆市积极开展了一系列社区规划编制的试点，重庆市规划设计研究院与重庆大学积极合作，推进相关的研究与实践工作，共同起草《重庆市城市社区规划编制导则（试行）》，经重庆市规划和自然资源局审定后发布施行。社区规划作为中央政策文件推动试点的规划类型，暂时还是非法定规划的一种类型，在我国还是一个新事物，在推广实施的过程中遇到了一系列的问题。其原因主要是人们对社区规划的一些基本认知还缺乏共识。作为一种新的规划编制形式，需要广大干部、群众有机会了解社区规划是什么、为什么、靠什么、如何编等一系列基础性问题。

本书定位为关于社区规划编制的普及性读物，希望通过浅显易懂的文字表述专业性问题，帮助对社区规划编制工作感兴趣的普通市民和社区管理人员了解社区规划编制的概貌，使其对社区规划这一提升城市既有社区凝聚力，实现高质量发展的重要抓手、技术手段、集体行动和组织的工具有所了解。希望本书的出版能够推动国内社区规划编制工作的开展，增加居民参与社区发展的渠道，提高社区营造资源的利用效率，加强居民的归属感，提升居民的精神文化生活水平，让市民有机会参与自己所在社区的共建、共治和共享。

目　录

1 社区能规划吗

1.1 社区发展遇到的问题

1.1.1 社区居民参与社区发展的渠道缺乏

社区居民是社区发展的关键主体。一个社区要规划建设得好，不仅需要有政府的主导、专业团队的技术支撑，更重要的是要有社区居民参与。但由于体制机制、沟通渠道的限制，我国社区居民参与社区发展的途径还非常有限。一是缺乏纵向的联动机制。街道和社区的主要职责是负责辖区内的社会性、地区性、公益性、群众性工作，但涉及财政资金、建设工程项目等则需要向市级、区级职能部门申请、立项等，造成即使街道和社区了解到具体的基层社区居民的问题，也无法进行统筹解决的困境。二是缺乏横向的沟通机制。社区发展面临的主体和协调对象包括社区居民、开发商、政府、社会组织等，其利益诉求各不相同。而社区居民作为弱势群体，往往缺少发声的平台，从而在自上而下的决策过程中常常被忽视。社区发展需要建立民主协商的机制，使不同利益方的需求都有机会表达出来。

1.1.2 有限的改造经费没有得到更好的利用

社区的空间环境更新、软硬件提升都需要有改造资金的投入，但由于各种原因，社区改造维护资金的投入往往并没有真正解决好社区居民的痛点和难点问题。究其原因，一是社区改造维护资金的投入针对性不足。为改变城市既有社区陈旧的物质空间环境，社区更新往往将维修经费用于老建筑外立面改造、绿化空间改造等“显眼”的地方；而由于前期实地调研不充分和不系统，导致社区居民真正需求的场所空间、配套设施等的适老化、适儿化的改造略显滞后。二是社区改造维护资金的投入周期较长。社区改造维护资金的使用范围、用途、拨付和使用程序都有严格的管理规则与程序，使得街道或社区提交的大部分整改项目预算或申请要经过较长的时间才得以批复，社区居民的实际需求无法得到及时、有效的解决。

1.1.3 社区居民归属感和精神文化生活匮乏

社区归属感是社区居民对自己居住社区的认同，包括对社区的投入、依恋和喜欢。居民对社区公共事务参与得越多，社区内的居民关系就越好，对社区的认同感也越高。但有很多社区由于人口流动、人户分离、社区历史记忆与文化基因被破坏等，导致居民对社区的认同感、归属感较低。其具体原因一是社区新老成员缺乏沟通。对于老社区而言，其原来多为单位家属院，居民相互之间熟悉，是典型的“熟人社会”。随着社区物质环境的老化、居住成员的收入增加，部分老住户搬离，新的人口进入，打破了原有的社会网络。对于新社区而言，现代社会的人口流动性的增强导致社区人际关系逐渐疏离，新老成员之间缺乏交流与分享，居民认同感和归属感减弱的趋势明显。二是社区公共活动空间、文化活动设施不足。一方面，大部分城市既有社区缺少提供给居民闲话家常的公共开敞空间与配套的服务设施，导致居民相互间缺乏公共交往活动，阻碍了居民的相互了解和沟通；另一方面，社区在快速的建设与更新过程中，往往忽视整理当地原本留存的历史记忆与文化基因，社区故事不被新成员所知，社区精神文化生活缺乏。

1.2 社区规划是什么

1.2.1 什么是社区

“社区”一词来自英文 community，是一个非常生活化的用语，很难用标准的空间尺度去定义；从地块到由若干地块组成的街坊，甚至是上万人口的村镇都可以称为社区。当我们提到“社区”时，可能是在讨论一种基于地缘、血缘或文化的抽象共同体（社会学概念），也可能是在指称一个特定范围的物质环境（城乡规划学概念），或是一个基层政府的管理单位（行政管理概念）（童明 等，2021）。

在空间规划领域，“社区”最早可追溯至 20 世纪初。1929 年美国建筑师克莱伦斯・佩里（Clarence Perry）在纽约皇后区郊外的 Forest Hill 住区规划中采用了“邻里单元”的理念，目的是创造一个适合居民生活、舒适安全和设施完善的居住社区环境。20 世纪 50~60 年代，随着欧美国家倡导式与交流式规划（advocacy / communicative planning）的兴起，在对物质性社区规划的批判基础上，社区的概念开始转向自治性的共同体（童明 等，2021），即具有共同利益、相互影响社会关系的群体。

结合国内已有的社区规划实践案例，“社区”作为规划对象时，一般具有以下三个层面的含义。

①物质性的“单元”：如“邻里单元”，其具有明确的空间边界（常以围墙构成门禁系统），内置各类设施、功能、服务等，在物质性的层面支撑居民基础的日常生活。

②社会性的“单元”：与社区服务功能的范围相对应，并不一定有明确的物理界限，更多地受到居民行为偏好及特定城市功能的影响，具有多元性与动态性。

③管理性的“单元”：基本等同于我国城市治理系统中最末端的行政管理单元，通常由街道、居委会等基层部门的权责划分而产生，服务于行政管理目的，兼作公共资源与政策的分配对象和执行主体。其在边界范围内常包含多个物质性的社区单元（童明 等，2021）。

1.2.2 什么是规划

“规”即法则、章程、标准、谋划，属于战略层面；“划”有刻画、分开、分界、设计、筹谋、划分、区分、签署、签押等多层含义，属于战术层面。按照《辞海》释义，规划是指个人或组织制定的比较全面、长远的发展计划，是对未来整体性、长期性、基本性问题的思考和衡量，如我们都很熟悉的国家五年规划等。

聚焦到城市规划领域，现代城市规划的第一部纲领性文件《雅典宪章》（1933 年颁布）指出，“规划的过程包括经济计划、城市规划、城市设计和建筑设计，必须对人类的各种需求作出解释和反应，它应该按照可能的经济条件和文化意义提供与人民要求相适应的城市服务设施和城市形态”。根据《城乡规划学名词》（2020 年），规划包含两个层面的含义：其一是确定未来发展目标，制定实现目标的行动纲领以及不断付诸实施的整个过程；其二是规划制定工作完成的成果。

可以说，规划既是一项社会实践，也是一项政府职能，同时还是一项专门技术。因此，规划往往具有以下四个特征。

①综合性。规划要对社会、经济、环境和技术发展等各项要素进行统筹安排，使之各得其所、协调发展。如考虑城市的建设条件时，就不仅需要考虑城市的区域条件，包括生态保护、资源利用等问题，也需要考虑气象、水文等问题，同时还必须考虑城市经济发展实力和技术发展水平。

②政策性。规划是国家宏观政策的实施工具，既要反映国家的相关政策，又要充分地协调经济效率和社会公正之间的关系。大到城市发展战略，小到地块容积率等，都会关系到社会利益的调配和居民生活质量等。

③公平性。规划的核心在于资源配置，规划要能够充分反映城市居民的利益诉求和意愿，要让普通人参与到规划的制定和实施过程中。

④实践性。规划是一项社会实践，需要充分结合实际情况和能力，考虑近期和远期的发展。这就需要运用各种社会、经济、法律等手段来保障规划的有效实施。

1.2.3 什么是社区规划

从字面意思来看，社区规划是对一定时期内社区发展目标、实现方式以及社区资源，在充分协商的基础上，由社区居民达成的总体部署，主要包括社区现状的分析、社区建设总体目标的制定、社区各主要部分的规划建设、社区建设的发展条件与支持保障系统等（唐忠新，2000）。根据《城乡规划学名词》（2020 年），社区规划主要有两个层面的含义：一是一定时期内社区发展的综合部署和具体安排；二是以社区自组织和社群互动为基础，促进社区发展的计划和工作过程。

从已有的社区规划实践来看，社区规划大致可分为工程性与社会性两类，一般情况下是针对城市既有社区存在的问题开展的一种通过规划编制有计划、有目的地解决问题的过程。工程性社区规划强调自上而下，通过政府部门投入资金和人力，从安全性、便捷性、美观性等维度，对城市既有社区的物质环境进行提升和改善，改造后的效果大多不错，如重庆市渝中区的社区更新规划、上海市“美丽家园”等项目。社会性社区规划则更聚焦于自下而上的居民自治活动，强调对基层组织行动力的培育，进而赋能社区自治，从而形成相对稳定和可持续的自组织更新模式（童明 等，2021）。但不论是自上而下的政府组织还是自下而上的居民协同，社区规划还是偏于复杂与琐碎，需要政府部门与社区工作者、社区居民之间的全力合作。

为应对社区生活中不断涌现的各类问题和不同利益主体的诉求，社区规划不可能简单地通过绘就一张蓝图即可构建一个理想的社区环境，而是要作出现实、合理的判断，形成具有实效的操作方案，并最终能够有效地调用政府、市场和各类社会资源并付诸行动（童明 等，2021）。由此，社区规划通常具备以下特征。

①基于品质提升的物质性规划。当前“社区规划”所针对的社区大多为城市既有社区，一般而言都存在公共空间局促、绿化不足、停车位缺乏等问题。如果单纯依靠社会参与和治理，并不能有效解决社区面临的紧迫现实问题。因此，物质性规划的介入成为推动城市既有社区改造的有效手段，也为社区大部分居民所喜闻乐见。

②以人为本的综合性规划。社区规划的规划范围不局限于规划师擅长的物质空间方面，还应对社区经济、社会、组织管理等各方面加以关注，从产业与经济、人口与社会、组织与管理、物质与空间等方面入手（钱征寒，2007），设计多方对话的平台

和流程，通过谈判和协商找出社区发展亟待解决的问题，通过利益赋予激发居民对公共事务的责任感和认同感，引导社区居民逐步参与到社区各项事务中，推动社区的自治和发展。

③需要不断提出完善方案的在地规划。社区规划在编制、实施过程中需要社区规划师与社区居民不断地沟通，反复修改完善，需要社区规划师长时间地和社区居民一起营造。一个优秀的社区规划，应做到局部的设计深度，即规划做空间，设计做场景，规划和设计一起提升社区居民的居住和生活品质，使社区生活环境呈现出高品质生活的美感。

1.2.4 社区规划包括哪些内容

社区规划一般由专项整治所需的系统性规划和具体项目的规划设计组成。专项整治系统性规划是基于某个类型或专业设施空间优化整治的需要开展的专业性、系统性规划编制，包括社区服务设施规划、社区环境整治规划、社区交通设施整治规划、社区市政公用设施整治规划等类型（参见本书附录 1）。系统性规划是基于社区发展和完善的需求，从专业角度对整治项目进行的整体性计划和空间安排，是具体整治项目计划安排的重要依据之一。具体项目的规划设计是项目计划立项后，落实了经费来源，指导具体建设的详细设计方案。例如，具体的广场或小游园整治方案、社区综合服务中心的改造方案等。

1.3 社区规划的地位与作用

1.3.1 社区规划是法定规划吗

社区规划在我国处于试点探索阶段，还不是法定规划，是协议性、倡导性规划，条件成熟后可考虑纳入国土空间规划体系中的专项规划或详细规划类型中。《中共中央 国务院关于加强和完善城乡社区治理的意见》（2017 年）中提出，“加强社区综合服务设施建设”“逐步实现城乡综合服务设施全覆盖”“组织开展城乡社区规划试点”“增强城乡社区统筹使用人财物的自主权”等要求，在政策层面积极推动社区规划试点。编制工作应在街道办事处等地方政府机构引导下，由社区居民委员会组织编制。规划内容若有涉及全体居民利益的重要问题，居民委员会应根据《中华人民共和国城市居民委员会组织法》的有关程序要求提请由每个居民小组选举代表 2~3 人参加的居民会议讨论，会议的决定作为社区居民进行环境建设和发展的共同行动指南。社区规划是社区居民通过反复的集体审议讨论形成的社区发展共同愿景的表达，是对未来社区发展的共同期许和协商一致的结果，作为社区居民共同参与并得到认可的一种集体协议，具有初始协议和承诺执行的特征，也是基层政府管理部门安排政府财政经费用于社区环境整治项目的主要依据之一，进入社区居住和生活的居民应自觉接受社区规划的指导。

1.3.2 社区规划与旧城更新规划等规划的异同

旧城更新规划是政府主导的法定专项规划，更多地适用于城市已建成区成片的更新改造，经上级政府批准后，是基层政府进行旧城更新改造、安排更新项目的依据。社区规划作为倡导性规划，其编制涉及更多的是指导社区环境整治的内容，按照市政环境整治的管理要求就可以进行整治。而其中涉及的产权空间扩展和改造的建设行为，仍然需要通过完善规划建设许可审批程序才能进行建设，应将社区环境整治重点区域的详细规划成果报送地方规划自然资源主管部门并审批通过后实施。

1.4 为什么要编制社区规划

改革开放后我国经济快速发展，城市核心区人口高密度、居住分异、社区环境不协调、社区管理不到位等问题突出，对城市社区建设和发展提出了巨大挑战。党的十九大报告指出，我国社会主要矛盾已经转化为人民日益增长的美好生活需要和不平衡不充分的发展之间的矛盾，把“坚持在发展中保障和改善民生”作为社会建设的一项重要工作，明确提出“要加强社区治理体系建设，推动社会治理重心向基层下移，发挥社会组织作用，实现政府治理和社会调节、居民自治良性互动”。

1.4.1 推动高质量发展

习近平总书记在2017年中央经济工作会议上指出，推动高质量发展是保持经济持续健康发展的必然要求，是适应我国社会主要矛盾变化和全面建成小康社会、全面建设社会主义现代化国家的必然要求。

“高质量”意味着发展模式从粗放发展向集约发展转变，不片面追求发展速度，更加注重发展效益；“发展”即贯彻新发展理念的发展，是经济发展水平不断提升、社会文明程度逐步提高的进步过程。推动高质量发展，就是要将“创新、协调、绿色、开放、共享”的新发展理念作为衡量高质量发展的标杆，从而更好地满足人民日益增长的美好生活需要。推进社区规划，打造共建共治共享的社区生活共同体，提升居民群众参与感、获得感，是城市高质量发展的重心和支撑点。

1.4.2 创造高品质生活

2018 年全国两会上，习近平总书记在参加重庆代表团审议时，首次提出了创造高品质生活的重大论述。

“高品质”即着眼满足人民日益增长的美好生活需要，不断提高公共服务水平，不断提升人民生活品质。“生活”即围绕人民群众最关心、最关注的民生问题，推动城乡整体空间结构品质、生态品质、交通品质、开发品质、生活品质、环境品质等的全面提升。创造高品质生活是与推动高质量发展内在联系、有机统一的，通过推动高质量发展，为人民群众创造高品质生活；通过创造高品质生活，激发高质量发展的动力、活力。社区是城市基层的管理单元，是老百姓方方面面生活最直接的载体，创造高品质生活就是要将“七有”[①] 落实到居民的家门口。

1.4.3 强化社区基层自治

基层管理千头万绪且问题纷呈，加强基层管理既要提纲挈领，又要具有针对性。国外经验表明，社区规划作为社区发展、决策以及管理的重要依据，在引导和促进社区综合发展方面具有积极作用。国内不少学者已经认识到了社区综合性规划的作用，掀起了有关社区规划的讨论热潮，上海等国内一些城市也已率先开始了社区规划的编制。因此，在强化城市基层管理的过程中，社区规划可作为一种新的社区发展管理手段，通过社区规划试点，总结、积累一些具有普遍意义的基层管理经验与模式，并为针对性地解决社区发展中的一些主要问题作出贡献。

1.5 社区规划的发展历程简介

1.5.1 国外

西方国家的社区规划是随着第二次世界大战后的“社区发展运动”而兴起的。20 世纪 50 年代前后，市民们受邀参与政府主导下的、与城市发展问题相关的政府计划制定。20 世纪 60 年代，规划参与制度确立，推动了与社区规划有关的社团的发展。1976 年，联合国人居署第一次会议正式揭开城市生活空间和社区可持续发展研究的序幕，交流规划（communicative planning）和合作规划（collaborative planning）应运而

① “七有”即党的十九大报告中指出的，必须多谋民生之利、多解民生之忧，在发展中补齐民生短板、促进社会公平正义，在幼有所育、学有所教、劳有所得、病有所医、老有所养、住有所居、弱有所扶上不断取得新进展。

生。经过半个世纪的发展，社区规划的内涵不断发展，逐步由物质空间规划转向社会综合规划，由宏大的城市空间转向社区的日常空间，由精英规划转向公众参与的协作式规划（彭翔，2018）。

1.5.1.1　美国

美国社区规划的关注重点在于如何保持社区活力不衰退，并探索出一套市场化的可持续运营机制。经历了早期的邻里规划单元（neighborhood planning unit）和城市更新计划（urban renewal program）之后，美国政府最早意识到单纯的物质空间建设并不能解决就业岗位下降、非洲裔人群聚居等城市中心社区的社会问题。从1949年持续至1973年的社区更新计划主要通过大规模的改造将分散利用的土地集中起来规划利用。20世纪60年代末出现的“社区发展公司”（或称“社区经纪人”）作为一种更加成熟的运作模式被沿用至今，主要特征包括：①一个基于地方、由社区控制的非营利组织，对社区问题理解深刻并制定更有效的规划；②涵盖空间、经济、社会的分析视角；③提供包括地方领导力培育、技能培训、向外寻求政治经济联系等类似于社区经纪人的服务；④来自联邦政府、城市政府扶持计划的多元化资金来源渠道（杨梅，2016；彭翔，2018；丁睿，2020）。

1.5.1.2　英国

英国社区规划的目的在于改善地方政府和公民之间的关系，更加关注社区福利需求，因此社区规划的重点是制定一系列的改善目标，搭建行动框架保障实施。英国的社区规划最早可以追溯到20世纪60年代市政府实施、市民参与的协作规划，但真正意义上的社区规划出现在90年代。英国政府发布的《发展社区战略的政府导则》赋予地方政府制定社区规划的责任以及改善所在社区的经济、社会及环境福祉等的法定权力。英国并没有一般意义上的社区规划师，而是通过设立社区规划合作组织开展社区规划，地方政府官员深度参与其中（杨梅，2016；丁睿，2020）。

1.5.1.3　日本

日本的社区规划深受西方批判现实主义的影响，如《美国大城市的死与生》（1961年）、《寂静的春天》（1962年）等是社会民众要求公众参与、加强社区建设的具体体现。日本社区规划开始于20世纪60年代，源于一系列居民及其组织开展的保护社区环境、抵抗都市规划中不合理部分的运动（于海漪，2010）。70年代，随着“地域性活化”运动的开展，逐步出现各种协会与组织。80年代至今，社区营造内容的广度和深度也进一步加强，逐渐演变为有组织的系统性活动，采用综合的手段解决社区发展中的各种问题。2006年修订《都市计划法》并出台《中心城区活性化法》，以法律形式明确社区培育的地位和作用，参与的主体也由社区居民扩展到多种主体共同参与，包括政府、企业和高校等（彭翔，2018；丁睿，2020）。

1.5.2 国内

我国社区规划源于20世纪90年代民政部要求加强全国社区管理与服务工作。21世纪后，随着我国城镇化进程的加快，“城市病”日益凸显，规划学界开始反思传统的物质空间规划的局限性，转向“以人为中心”的规划理念。同时，伴随单位制的解体和社区的兴起，社区成为处理基层事务、解决普通民众日常生活问题的主体。社区发展的理念逐渐融入规划领域，成为提高社区生活品质、承担社会事务、实现不同社会价值的主要规划工具（彭翔，2018；杨贵庆 等，2018）。

1.5.2.1 北京市

北京市的社区规划实践主要经历了社区服务示范区建设、和谐社区建设、社区公共服务设施空间优化、社区治理等过程。1998年，西城区被民政部评为“全国社区服务示范区”；1999年，北京市全市被列为“全国社区建设试验区”，月坛街道成为全面实施社区建设的试点街道；2009年，东城区交道口街道探索合作型和谐社区规划途径，建立了“三层次—九阶段”的合作过程模型；2014年，东城区围绕“多元参与、协商共治”的主题，启动“全国社区治理和服务创新实验区”建设；2018年，《北京市朝阳区全要素小区建设导则》发布，从功能设施、绿化美化、安全管理等10个方面提出“点对点”的改造标准（杨贵庆 等，2018）。2018年，北京市开启责任规划师制度，协助街道、社区和居民拟定社区发展战略，形成社区发展规划，并协同推动规划实施，促进地区全面品质提升。

1.5.2.2 上海市

从20世纪90年代至今，上海的社区发展与规划大致经历了开展社区服务、创建文明社区和推进管理体制改革三个阶段，社区规划指标体系、全市社区发展规划及规划部门主导的社区规划等类型相继得到研究与实践（刘君德，2002）。1992年，卢湾区瑞金街道、普陀区曹阳街道开展了《社区综合发展规划》；1996年，浦东新区发布《社区发展规划（1996—2010年）》，在发展计划、总量控制、规划布局、环境建设等方面制定了相应对策；2000年，《上海城市社区规划理论和对策研究》报告发布，提出了一整套详尽的社区规划指标体系；2002年，长宁区北新泾社区建立“社区规划师”平台，开展社区更新规划；2009年，上海市规划和国土资源管理局发布《上海市大型居住社区规划设计导则（试行）》；2015年，普陀区万里街道开展“创新社区治理模式”试点，着力建设“乐活社区、幸福万里”，为上海推进社区规划工作提供重要参考；2017年，《上海市城市总体规划（2017—2035年）》提出“15分钟社区生活圈”规划，发布《上海市15分钟社区生活圈规划导则（试行）》；2018年，浦东新区、杨浦区等开展“缤纷社区（内城）空间更新试点行动计划”“里子工程”等社区更新项目，聘请“社区规划师”，旨在通过对现有设施和空间的微更新来提升居民的生活便利度和社区空间品质（杨贵庆 等，2018）。

1.5.2.3 深圳市

深圳的社区规划实践与经验对社区发展及社会治理创新意义重大，其发展历程大致可分为三个阶段。第一阶段是社区发展规划阶段（2004~2010年）。为解决社区工作机构不健全、服务设施不完善等问题，2008年深圳市作为我国改革开放的试点城市，进行了一系列的制度创新，开展了包括龙岗区爱联社区规划编制在内的试点研究，摸索了适合深圳实际情况的社区规划工作方法，提出了构建、完善我国城市规划体系的建议。深圳市政府也通过设计相应的制度、政策来推动社区建设管理。第二阶段是物质空间规划阶段（2010~2013年）。针对长期粗放发展模式导致的空间问题，通过有序推进城市更新，通过优化社区的空间环境、完善配套设施打造更加便捷、更加人性化的居住社区。第三阶段是综合发展规划阶段（2013年至今）。社区规划通过构建社会、经济、文化、生态环境、空间等方面的规划目标、框架、策略，解决社区在经济发展、基层治理、空间建设等方面的问题，凝聚地区发展合力，同时为法定图则的调整和政府决策提供依据（彭翔，2018；杜宁 等，2019）。

1.5.2.4 重庆市

重庆的社区规划实践主要经历了居住区综合整治、和谐社区建设、社区治理三个阶段，社区规划的关注点从侧重于社区资本的挖掘逐渐转向可持续发展。2009年，重庆市对城市主干道、商业街区、传统历史建筑区域的居民住宅区进行工程治理；2010年，渝中区开展了以嘉陵桥西村、大井巷为试点的居住社区整治，整治内容主要包括房屋修缮、管线改造、环境整治和设施配套方面；2013年，渝中区石油路街道启动编制社区综合规划，强调从物质空间优化和社区治理两个方面提升社区品质，探索了多元主体参与治理式的规划方法；2014年，重庆市规划设计研究院承担了江北区鲤鱼池片区社区规划试点工作，还与重庆大学共同编制了《重庆市城市社区规划编制导则》，经重庆市规划和自然资源局审查于2018年发布试行（见本书附录1）；2015年，渝中区开展了两路口、上清寺、菜园坝三个街道的综合整治，深入探索多方协作的社区发展模式，在重庆市规划和自然资源局的支持下开展了重庆市社区人性化规划技术导则的研究工作，形成了研究报告（见本书附录2）。2017年，合川区草花街开展“社区协作式规划”（杨贵庆 等，2018年）；2021年，重庆市规划和自然资源局、重庆市民政局、重庆市住房和城乡建设委员会联合印发《重庆市社区规划师管理办法（试行）》，选择了十八梯社区等13处社区，公开面向社会招聘社区规划师，旨在引导群众共建共治共享美好家园，推进社会治理现代化。社区规划师高度关注百姓身边的小微公共空间，开展小微公共空间设计方案征集。通过“社区事名师做”活动引入规划专业名师、大师参与社区环境提升行动。在重庆市规划和自然资源局的组织下，以试点社区为展场，通过“艺术融入社区场景”“展览与营造相结合”“策展人策展＋社区居民共创”的方式，开展了社区规划艺术节活动。重庆市还搭建了“三师进社区”工作平台，建立了网站，引导专业技术力量下沉到社区提供智力服务。在新型冠状病毒感染疫情防控形势严峻时，“三师进社区”工作平台向全市社区“三师”发出倡议，号召“三师”深入抗疫工作一线，争做抗疫卫士。重庆市开展的“三师进社区”工作是积极落实党中央提出“以人民为中心”发展理念的最真切的体现——从老百姓身边最关心、最迫切、最直接、最需要的地方着手，让老百姓体会到党始终在老百姓身边。从这个意义上来说，社区规划是规划的起点，也是终点，社区规划师是天生的理想主义者（余颖，2022）。社区规划通过创新社区工作机制让艺术浸入城市、融入生活，提升市民身边的空间品质，增进人和人之间的交流和联结，共同营造有爱、有温度的社区和城市，取得了良好的社会效果（重庆市规划和自然资源局，2021）。

1.6　社区规划的价值取向

面对人口持续增长和资源环境紧约束的挑战，2015年中央城市工作会议强调转变城市发展方式、提高城市治理能力、着力解决“城市病”等突出问题，为新常态下的城市发展指明了方向。在这一背景下，城市规划建设回归到社区这一基础层面，社区发展日益成为城市建设的关键问题和人们关注的热点，社区规划得以全方位开展。为此，要处理好社区规划过程中出现的各种冲突，规划师在工作中必须明确社区公共利益优先的价值取向。

1.6.1　倡导多元主体参与协商

社区规划涉及老旧设施改造、宅前屋后和楼栋环境整治美化、公共空间功能提升等多个领域，不仅需要政府的主导、社区居委会和业主委员会及全体居民的参与，还需要城乡规划学、建筑学、社会学等多专业团队成员的协作（王峰 等，2021）。科学、有序的协商有利于保证社会各群体在社区规划工作推进过程中相互了解对方的诉求，并作出有益的妥协，从而把不同利益方的需求科学化地表达出来，达成最终的决策认同。规划师在社区规划工作中，要尽量克服传统的自上而下的规划工作思路和方法，可以采取“社区服务民主协商讨论会”“通用议事规则”（王峰 等，2021）等方法，积极地倾听不同主体的声音，对规划的内容不断地作出调整，直至矛盾最小化、“合力”最大化。

1.6.2 关注弱势群体

由于规划的公共政策属性，大多数的规划都是由政府组织的，使得规划师的工作方式、方法或多或少偏向自上而下的决策，缺乏对基层民众的意见的关注。社区规划的出发点是以人的需求、人的利益、人的发展为基础的，需要得到社区基层的广泛认同。弱势群体作为社区基层的构成部分，规划师在广泛了解不同阶层的意见和想法、平衡和协调各种利益时，需要对这类人群更加关注，保障他们的想法和诉求能够被了解、被表达，他们的利益能够被维护。从某种程度来说，规划师应成为社区弱势群体的代言人。

1.6.3 包容多元价值观

社区“麻雀虽小，但五脏俱全”，其中生活着不同年龄、不同收入的群体，他们对社区公共环境、设施配套等都有不同的需求，简单地以对立或者否定的方式处理，只会产生更深的矛盾或者导致某一特定群体的利益受损。因此，规划师在开展社区规划时，应以差异性、多样性共存为前提，通过梳理不同利益主体之间的博弈关系、社区规划实施的组织模式、利益的分配和保障方式等，维护社区多样的社会文化，确保不同群体都能享受社会发展的成果（章征涛 等，2016；盛树嫣，2019）。

1.7 相关理论解读

1.7.1 自组织理论的解读

根据南开大学季可晗的整理，自组织的概念最早由德国哲学家康德提出，认为其是“事物从无序走向有序的过程”。而哈肯对自组织的定义为：“如果系统在获得空间、时间或功能的结构过程中，没有外界的特定干预，系统便是自组织的。”而我国学者吴彤认为：“所谓自组织，是指无需外界指令而能自行组织、自行创生、自行演化，能够自主地从无序走向有序的系统。”因此，对自组织内涵的理解应集中于两个方面：一是在没有特定外界干预的情况下，系统内部各要素之间的互动影响和结构；二是在互动作用之下，自组织系统从无到有、从无序到有序、从简单到复杂的发展过程。

1.7.1.1 自组织理论发展过程与趋势

自组织理论来源于科学家从物理、化学专业领域的自组织现象中的发现（孙美玲，2019）。20世纪90年代，法国科学家贝纳德从对流实验中发现了自组织现象，这是最早的自组织范例。阿希贝是现代自组织理论的创始人，于1948年在控制学领域提出自组织理论，并出版了著作《自组织原理》，认为事物的发展都是在不断地与外界进行能量交流的基础上自主演化的过程。60年代后科学家们认识到城市系统也是自组织的。简·雅各布斯在《美国大城市的死与生》一书中提出城市的复杂性和多样性是城市的生命所在。她认为城市空间是由众多个体间的协同、自组织发展形成的，城市空间的发展是由有序到无序再到有序的循环往复的过程。1977年，比利时物理学家普里戈金等创建了“自组织”的耗散结构理论，德国著名物理学家哈根领导的斯图加特学派创立了协同学理论，进一步推动了自组织理论在城市社区研究中的运用与发展。

这些自组织理论的相继提出，使我们对复杂系统演化的各环节，包括其发展的前提条件、契机诱因、动力来源、组织方式、发展过程等有了更为系统的了解。

1.7.1.2 自组织理论对社区规划编制的启示

（1）社区作为一个重要的自组织单元，在城市运行过程中发挥着基础性作用

2019年，《住房和城乡建设部关于在城乡人居环境建设和整治中开展美好环境与幸福生活共同缔造活动的指导意见》发布，提出以城市社区和农村自然村为基本空间单元，因地制宜确定人居环境建设和整治的重点。充分发挥社区居民的主体作用，根据不同类型社区存在的突出问题，在开展城市既有社区改造、生活垃圾分类等工作的基础上，解决改善居住小区绿化、道路、设施和公共空间环境的整治提升问题。社区作为法定的自治组织，是政府进行社会管理的他组织的最小单元。许多政府的决策和要求需要社区层面的动员和组织予以落实和完成，需要利用好社区的各类自组织社会团体，发挥基层社区工作者的积极性。所以社区是自组织和他组织最好的结合单元，在市民社会还不发达的中国，通过社区规划引导和培育市民参与社区公共事务的意愿和能力是一个很好的抓手。

（2）相信社区居民能够对社区事务进行自我管理和自我成长，是开展社区规划编制的出发点

社区居民对自身居住环境的改善有各自的希望和设想。社区规划编制的过程应该是一个形成和凝聚社区发展共识的过程，应积极发挥社区规划在推动社区自组织发展中的作用，充分展现社区居民对社区未来建设的想象力，在凝聚共识的过程中，形成对社区未来发展的共同愿景。

（3）重新定位规划师在社区规划编制过程中的作用

作为提供专业性服务的技术人员，传统的规划师的工作以增量规划为主，习惯于从宏观和长远的视角看待城市未来的发展问题，理想主义的色彩较重。社区规划的编制对象是城市的存量空间规划，在存量空间中的建设与完善工作涉及多方面的利益相关者，需要充分的协商，才能使其对未来的社区环境有共同的期许。规划师发挥的作用就是以专业化的未来空间环境规划能力，在充分了解社区居民多方诉求的基础上，针对一个个具体的可改进的空间微环境，为社区描绘未来的发展愿景，引导社区居民对社区发展的期望和目标，鼓励社区居民参与社区环境的整治和改善。

1.7.2 场景理论的解读

1.7.2.1 场景理论概念及内涵

“场景”一词源自希腊语，本意为帐篷、小隔间、货摊，后渐引申为舞台所展示、展现的场面、场景，或指真实生活或戏剧、书、电影中的场面或片段，是事情发生的地点、现场，通俗地说就是充满感情和剧情的空间（余颖，2022）。场景研究经历了从音乐研究领域到文化研究领域再到城市社会学领域，理论和应用不断延展。在后工业时代，新芝加哥学派将其引入城市社会研究，进而形成了“场景理论”（陈波，2019）。

场景理论认为场景建设应包含五个要素：邻里社区、城市基础设施、多样性人群、前三者及其活动的组合、场景中所孕育的文化价值。就场景的主观认识而言，又有真、善、美三个维度（吴军，2017）。

场景具有尺度性，若是从宏观、中观、微观或点、线、面空间研究，都需要通过场景要素和要素组合进行识别。场景理论为社区公共空间构成要素的研究提供了借鉴。场景理论有助于实现生活和文化需求的精准匹配，由此为社区规划提供借鉴和参考。

1.7.2.2 场景理论对社区规划编制的启示

一是社区规划编制中应以构建蕴含文化价值的社区公共空间为重点，以促进社区文化认同为目标，合理安排社区公共活动空间功能，以方便开展具体的社区公共文化活动。通过社区公共文化活动的组织，促进社区居民的高品质交往。在公共空间的规划设计过程中应围绕具体的文化活动类型所需要的功能进行组织，如不同类型的广场舞、不同类型的地方戏所需要的公共文化活动空间是有所差异的。要通过深入的挖掘，发现所在社区的公共文化活动需求，避免简单地以多功能活动空间的方式安排公共活动空间。

二是在社区规划编制中应主动开展日常生活场景的规划与策划，对社区公共活动空间进行场景化的分工和有目的的安排。场景理论聚焦于主体文化，认为当公众、创意阶层能够在城市中自由参与时，城市生产、生活空间才能够自内而外地良性发展。如将关注重点从城市消费转向生活文化和生活需求，居民通过良好的邻里交往积极参与社区活动和社区事务，不仅能提升社区活力，还能更好地发挥居民的主人翁精神，增强其社会责任感，维护社会稳定。应将社区规划编制作为一种引导市民高品质生活的重要手段，促进文化、消费和休闲活动的有序开展，使社区居民的日常生活场景均有各自明确的活动空间，引导有共同兴趣和共同爱好的人群在不同的场景空间更方便地交往，感受生活的幸福与美好，提高社区居民的幸福指数。

三是在社区规划编制中应注重整体性、创造性思维的应用。场景理论关注空间文化内涵和不同要素间的关联性，以整体性思维探究城市要素的最佳组合对社区规划有很好的借鉴意义。社区是由不同要素共同构成的一个整体空间，不同设施组合形成的场景具有不同的文化价值，从而吸引不同群体。场景理论的引入可满足人与空间的互动和人群自身的需求，更能保证社区空间的功能复合性、景观多样性和文化融合性，更好地把层级化、项目化、条块分割的内容重新纳入社区的不同尺度进行整合。基于整体性视角重新审视社区公共空间的整体性价值，才能发现、保护、创造并实现社区公共空间中场景的真、善、美和特色。

1.7.3 城市触媒理论的解读

1.7.3.1 城市触媒理论的发展概况

20 世纪 30 年代以来，美国在快速的城市化进程中传统产业日渐衰落，无法忍受城区拥挤、恶化的生活环境的民众将生活重心向郊区转移，中心城区因此而衰微。当时，美国的旧城更新也是以大拆大建的粗放而激进的方式进行，以“牙科手术”式的粗暴方式更换和改造老旧城区中的建筑，使一个个城市历史地段消失，并以完全不同的建筑形式和空间取而代之，对美国本土的建筑文化和城市文脉缺乏尊重。因此，1989 年美国建筑师韦恩・奥图（Wayne Atton）和唐・洛干（Donn Logan）开始寻求一种新的城市设计方法。他们在《美国都市建筑：城市设计的触媒》一书中将“触媒”概念引入建筑学界，提出城市触媒（catalysts）理论。“catalysts”中文意为“催化剂”，是化学领域的专业词汇。对于某些化学反应，使用催化剂可以加快化学反应速率，原因是催化剂降低了反应所需要的能量值，使一些普通分子成为活化分子，从而加速了化学反应。根据《辞海》的解释，“触媒”中的“触”是接触、触动、感动之意，“媒”是媒人、媒介之意。城市触媒指特定的建筑元素“在城市中应有一系列有限但可及的影响，彼此都能相互刺激，起协调作用”。“城市触媒最初的作用是作用于与其相邻的城市构成元素，改变其现有元素的外在条件或者内在属性，并带动其后续发展（陈劼，2019）。”通过在城市规划和建设中有计划、有目的地引入新的元素，使原有城市元素得到持续利用和改善的同时，既不会破坏城市的旧有环境和文化传统，也不会对它们进行重大的、触及本质的改变，充分尊重新项目所在地区的空间文脉、地域文化、政治经济等方面的既有传统。通过某一个项目的开发引入少量新的关键的设计元素，能够发挥催化剂的作用，立刻引起其他项目的连锁式开发，提升旧有城市元素的价值和所在地区的发展质量。该理论在旧城保护与更新领域受到许多专家的推崇。

自2006年开始，国内城市规划学界也逐步开展了对城市触媒理论的研究，学术论文和实践案例不断增多。城市触媒理论的研究领域也逐渐细化出了多个分支，包括城乡规划、城市交通、历史街区保护、旧城更新等。自2010年以来，研究成果井喷式增加，也证明了该理论在我国的适用性。

1.7.3.2 城市触媒理论对社区规划编制的启示

一是要重视对社区规划编制区域的经济、文化、社会、产业和人群等方面作细致、深入的分析，识别触媒点。分析现实社区生活环境提升的困难痛点和潜在需求，了解其中具有催化剂潜力的空间节点功能与形象要素，归纳得出那些最有潜力的触媒点，使后续触媒效应能得到最大限度的发挥（李天彬，2006）。应满足人们在经济、文化、社会、产业等方面的新消费需求，激发、带动周边地带新的商业动力和商业行为，为周边地带的发展创造出更多新的商机。这种具有催化剂作用的关键节点和功能空间是社区规划编制中需要重点投入精力去深入刻画的。触媒点的打造是社区规划区域可持续发展的关键，可以有效推动城市功能的自我完善，促使城市环境不断重新整合，城市活力得到进一步增强，引导城市进入良性发展。

二是应高度重视关键节点和关键景观要素的打造。城市触媒理论给我们的启示是在开展指导城市改造提升的社区规划编制工作时，应将街边绿地、运动场、社区公园和街头巷尾各式各样的微型公共空间作为新的吸引市民的城市元素，像催化剂一样，在原有城市元素得到持续利用和改善的同时，使城市可持续发展。通过保持新、旧元素间的协同关系并使其产生复杂的相互作用，会逐步整合形成一个更大的城市触媒，其影响范围也会相应更大，形成市民喜闻乐见的新环境要素，激活旧城更新地区的城市活力与人气。

2 社区规划编制工作如何组织

2.1 社区规划编制有哪些程序

社区规划一般由专项整治所需的系统性规划和具体项目的规划设计组成，按照区（县）政府整体统筹、区（县）部门分类管理、街道（镇乡）[①]具体实施、居民全程参与的程序开展工作。

2.1.1 系统性社区规划的程序

2.1.1.1 前期准备

在我国社区居委会大多没有独立财务能力的情况下，系统性的社区规划一般以街（镇）地方政府为编制主管机构，专业性、系统性规划一般包括社区服务设施规划、社区环境整治规划、社区交通设施整治规划、社区市政公用设施整治规划等类型，结合辖区内各社区发展的实际需要，制定本街（镇）拟开展的系统性社区规划编制的经费预算，上报区（县）发展改革委、区（县）财政局、区（县）规划和自然资源局，争取地方财政的支持，经相关部门联合会审合格后，纳入规划编制年度计划。

部分试点地区以建立基层社区基金会的形式筹集社区发展资金，则可以根据基金会的决策程序，确定启动系统性的社区规划的编制计划。

2.1.1.2 涉及的相关主管部门职责

相关政府职能部门应在区（县）政府的组织下，依法履行与社区规划编制相关的指导、管理和监督职责。以下以重庆市为例进行简要阐述。

---

① 简称街（镇）。

规划和自然资源主管部门负责建立空间规划体系并监督实施，贯彻执行国土空间用途管制制度和国土空间规划政策并监督实施，负责自然资源统一确权登记工作，负责历史文化名城专项规划编制，承担历史文化名城、名镇、名村，街区，传统风貌区，历史建筑和传统风貌建筑保护的规划管理等事宜。即通过对社区规划编制成果的审查指导提升社区规划的成果质量，负责对编制成果确定的建设项目的规划用地许可手续、规划建设许可手续的办理，以及确权登记工作。

住房和城乡建设主管部门负责推进住房和城乡建设事业改革发展，负责住房和城乡建设财政性资金的监督管理，负责房地产行业的监督管理，负责建筑行业的监督管理，负责勘察设计行业的监督管理，负责城市提升工作的全面统筹，负责城镇排水与污水处理的监督管理，负责推进城市修补和有机更新，负责住房和城建档案管理等。即负责社区规划编制成果确定的项目的实施过程中的建设活动进行监督管理，负责建设手续办理等事宜。

城市管理主管部门负责贯彻执行市政公用设施管理、市容环境卫生管理、城市排水管理、城市园林绿化管理、城市管理执法等城市管理方面的法律、法规、规章和政策，负责城市道路、排水、桥梁、隧道和城市照明、景观灯饰等市政设施管理，负责行政区域内停车场管理工作的指导协调和监督，负责城市排水、污水处理的监督管理，负责城市环境卫生管理，牵头组织开展城区市容环境综合整治，负责城市户外广告、店招店牌设置的监督、管理工作，负责园林绿化管理和城市公园行业管理等。即对涉及社区规划编制成果确定的市政公用设施、园林绿化等设施的整治、提升、改造活动进行监督管理。

发展改革主管部门承担全社会固定资产投资调控，规划重大建设项目和生产力布局的责任。负责衔接、平衡需要安排政府投资和涉及重大建设项目的专项规划，指导、协调和综合监督全区招投标工作，负责社会发展与国民经济发展的政策衔接等。即负责统筹安排涉及政府投资的社区整治项目的年度计划。

财政主管部门负责管理财政收支，承担区级各项财政收支管理的责任，负责办理和监督区级财政的经济发展支出、区级政府性投资项目的财政拨款，负责财政投融资评审管理工作等。即安排涉及政府财政经费投入的社区规划编制成果确定的项目经费支出。

消防主管部门负责社区规划编制成果确定的项目的实施过程中的消防设施的监督管理。

街道办事处、镇政府及社区居委会等基层组织配合所在地的区（县）人民政府做好社区规划的编制和实施相关工作，维护城乡社区环境整治活动的正常秩序。

2.1.1.3 编制过程

社区规划的编制计划和经费落实后，以街（镇）为单位，根据规划编制计划，可通过招投标等方式委托专业的设计机构编制社区规划方案，一般要通过现状调查摸清现状底图和基数，开展深入、细致的现状分析，进行各类专项系统性规划方案的编制，并在项目初步方案完成后公开征求居民意见和专家意见，规划内容若有涉及全体居民利益的重要问题，居委会应根据《中华人民共和国城市居民委员会组织法》的有关程序要求提请由每个居民小组选举代表2~3人参加居民会议讨论并作出决定，报区（县）规划和自然资源局，区（县）规划和自然资源局通过现场摸底核查和专家评审的方式，给出方案设计评审意见或审批意见。

2.1.2 具体项目的规划设计程序

各地情况不同，社区规划中具体项目的规划设计管理程序有较大差异，一般不涉及产权的项目可由市政管理主管部门审批建设，涉及空间规划产权等建设要求的内容需要纳入法定详细规划的修改程序，经审定批准后才具有法律效力，进而作为规划建设管理依据。下面以重庆市某区为例介绍具体项目规划设计阶段的程序情况。

2.1.2.1 建立项目库

以街（镇）为单位，根据经审查批准后的社区系统性规划方案充分征求群众意见，初步拟定三年项目实施计划，上报区发展改革委、区财政局、区规划和自然资源局、区城乡建委，经部门联合会审合格后，纳入三年行动计划项目库，逐年安排具体项目的规划设计和建设。

2.1.2.2 申请与受理

每年年初，由社区居委会（或业委会）根据三年行动计划项目库，选择居民反响最强烈、成熟度最高的改造项目开展意见调查，经三分之二居民代表同意后，向街道办事处、镇人民政府提出社区改造项目的书面申请。街道办事处、镇人民政府复核后，形成正式申报文件（含主要社区规划需求、内容、时间计划及三分之二居民代表或业主代表签字意见表）报区城乡建委（图2–1）。

2.1.2.3 形成年度改造计划

区城乡建委汇总各街道办事处、镇人民政府申报文件后，逐一审查，并按照当年区政府工作重点和群众改造需求迫切性，拟定当年社区改造项目计划上报区政府，经区政府批准后下发各街道办事处、镇人民政府实施。

2.1.2.4 开展方案设计

街道办事处、镇人民政府通过公开招投标等方式，委托专业设计机构编制社区改

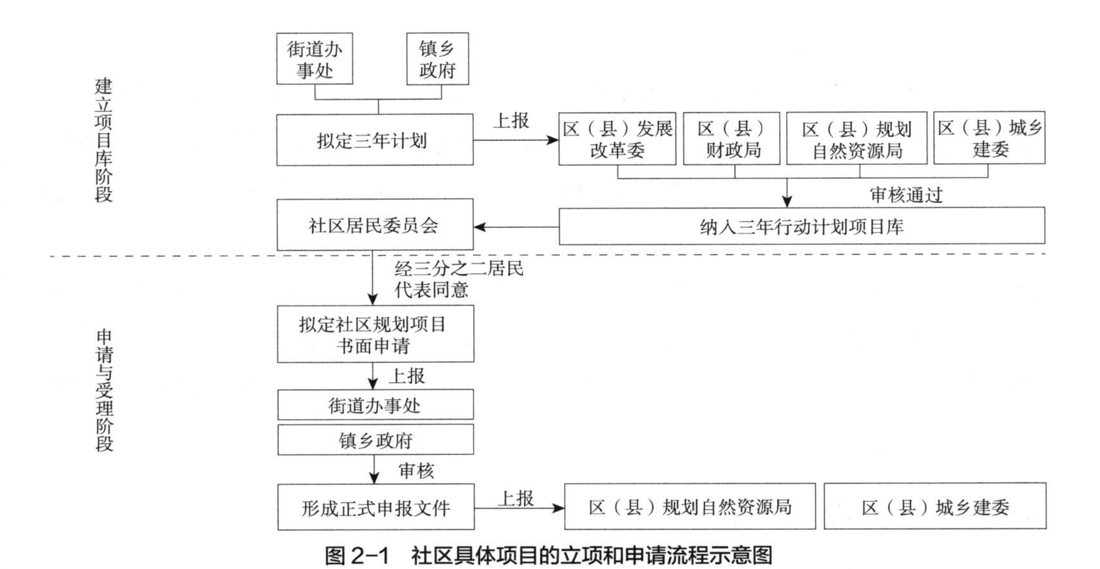

图 2–1　社区具体项目的立项和申请流程示意图

造项目的规划设计方案，并在项目初步方案完成后公开征求居民意见，三分之二居民同意后报区城乡建委。区城乡建委通过现场摸底核查和专家评审的方式，给出方案设计评审意见。

2.1.2.5　办理前期手续

街道办事处、镇人民政府按照工程项目程序的相关规定办理项目前期手续。区发展改革委、区财政局等相关审批部门按照区重点项目及民生项目要求，加快项目审批程序，对个别涉及面特别广、手续办理特别复杂的社区改造项目由区城乡建委会同区规划和自然资源局、街道办事处、镇人民政府向区政府报告，由区政府组织相关审批部门和单位召开项目推进专题会，协调项目程序办理，加快项目前期手续办理。鼓励不同更新项目实施主体间组成联合体实施具体项目。实施主体向规划和自然资源主管部门申请项目实施时，应将项目设计方案、申请书、申请人身份证明、不动产权属证书、更新项目内相关物业权利人书面同意意见等相关材料一并提交。

2.1.2.6　组织项目实施

街道办事处、镇人民政府按照项目管理相关规定，采取招投标方式确定施工单位，并组织施工单位实施。区城乡建委根据项目时间计划实时督查指导项目建设。在项目实施过程中，要主动引导居民参与共商共建，同时注意采纳居民提出的合理化意见和建议，及时修改设计方案和施工图，确保项目解决大多数居民反映最强烈的问题（图 2–2）。

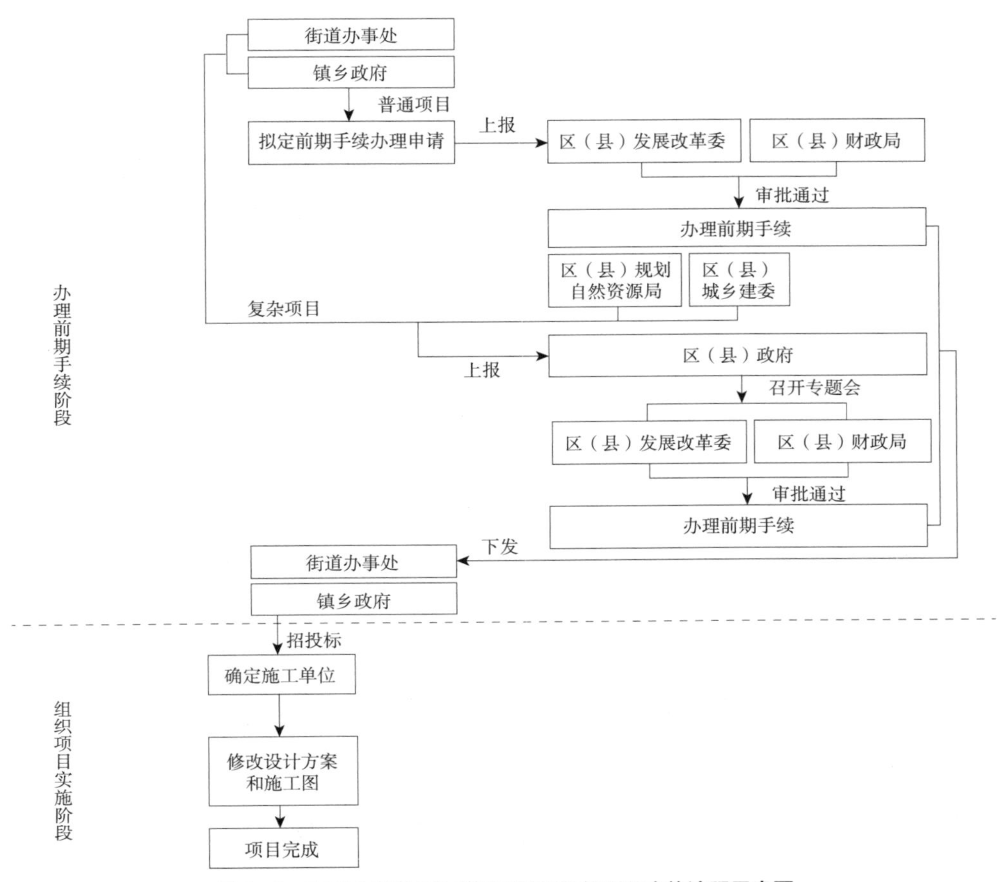

图2-2　社区具体项目的前期手续和组织项目实施流程示意图

2.1.2.7　项目资金拨付

街道办事处、镇人民政府按照项目时间计划和项目编制进度向区城乡建委报送规划项目进度资金申请函，区城乡建委核实无误后向区财政局去函，区财政局核定后将资金拨付给相关街镇。

2.1.2.8　项目验收及管理

项目完成后，街道办事处、镇人民政府组织开展项目验收，验收合格后报区城乡建委备案。对于城市既有社区改造项目中属于市政公用设施设备的，由专业单位按规定做好管理、维护；属于业主专有部位的，移交业主自行管理；对于其他属于业主共有部位的，落实协议（合同）约定的管理服务内容。街道办事处、镇人民政府会同社区居委会、小区自管组织监督管理提升方案（含综合改造后管理方案）的执行，区城乡建设等相关部门作好指导（图 2-3）。

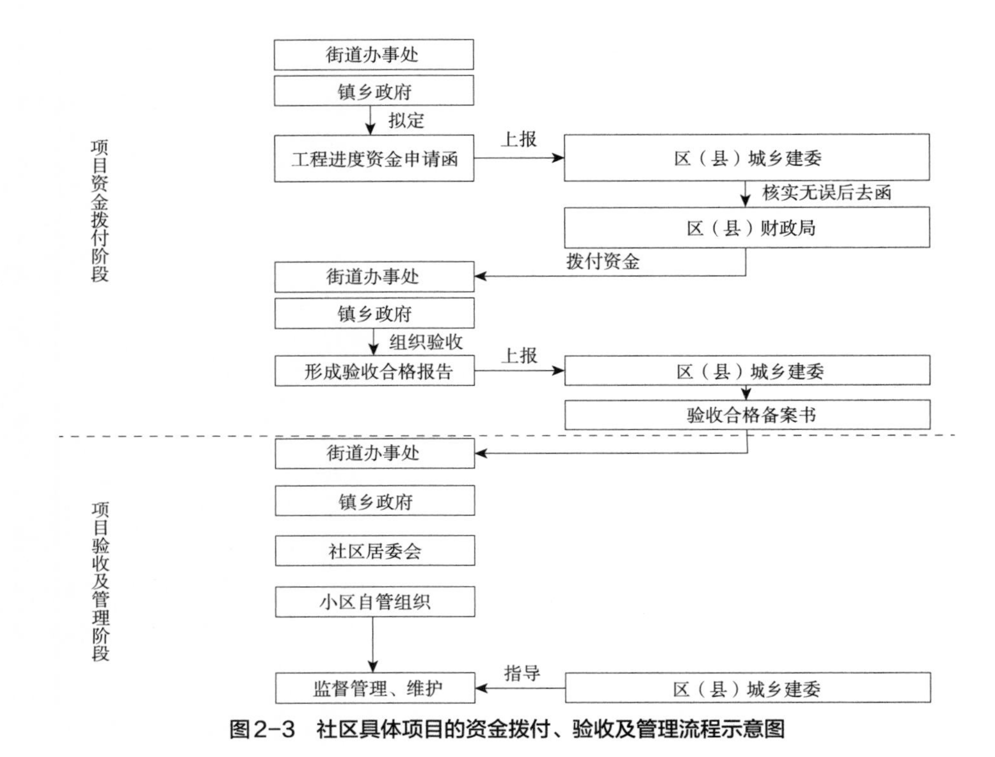

图2-3 社区具体项目的资金拨付、验收及管理流程示意图

2.2 国内动员市民参与社区规划编制的一些做法

2.2.1 上海市以“社区花园”共建等方式推进

2.2.1.1 社区花园新实践——杨浦区“创智农园”

创智农园位于上海市杨浦区创智天地园区，占地面积 $2200m^2$，是上海市第一个开放街区里的社区花园，也是杨浦区绿化委员会办公室绿化管理创新试验点。创智农园社区“睦邻共建项目”获评 2016 年“杨浦区十大青年公益志愿项目”、2017 年“杨浦区十大自治项目”。

（1）将小区消极空间转变为社交、亲子、文化活动的积极空间

2016 年，杨浦区政府、地区管委会、创智天地地产商瑞安公司等共同发起该改造和再利用项目，联合“四叶草堂”设计师团队[①]，历时两年多，对原为一块临时围挡围合下的垃圾场进行了环境改造。该垃圾场位于几个被围墙阻隔的小区之间，是一块废弃了 13 年的消极公共空间。由于居民改造意愿很强烈，在大家的积极支持和参与下，

① 组织者为同济大学建筑与城市规划学院景观学系教师刘悦来。

垃圾场被改造为一个生机盎然的都市农园[①]。其他几个社区花园的改造与之类似，通过鼓励附近居民在小区公共绿化带、废弃垃圾场或者园区空地参与社区花园的建设和维护，种植瓜果蔬菜、花草树木，在共同参与过程中将社区花园打造成为社交、亲子、文化活动的公共空间。

（2）结合驻地营造理念，提出社区营造工作站、创智农园社区共建群等居民互动合作的组织运营方式

一是互动性的空间景观营造：打通原本隔离、断裂的空间，提升参与性和互动性，通过植物景观设计营造生境，同时让居民通过闻味道、触摸、种植、采摘、食用等方式获得丰富的体验。二是参与性的自然活动课堂：开放绿地，通过集装箱改造形成室内交流空间，并举办自然教育课堂、专业沙龙、趣味讲座、手工作坊等丰富的活动，吸引教师、学生、学者、艺术家等各类人群参与，并针对不同人群特征，形成儿童团、妈妈团、读书会、花友会等小组，不定期举办夏令营、种植采摘等丰富的活动。三是社群性的驻地营造管理：通过在自然教室、睦邻中心等门口张贴海报和网络宣传等方式吸引居民参与，而后逐渐形成社区营造工作站，并在网络上构建创智农园社区共建群，通过线下发布、网络社群等方式来组织居民活动，不仅让更多居民参与到活动的组织和管理中来，同时也尝试引进一些专业志愿者，为居民提供公共服务。

2.2.1.2 浦东新区的缤纷社区建设

上海浦东新区从2016年启动了“缤纷社区建设”项目，是社会治理创新的一项重要工作。2017年率先在浦东新区内环以内建成度最高的5个街道，即陆家嘴、潍坊、塘桥、洋泾、花木街道进行了试点。项目总面积33km^2，总居住人口68.5万，以“精心设计，服务百姓，点亮生活”为总体目标，力求推动建成环境的物质条件提升和社区居民的情感融入，打造具有场所认同感、归属感、人情味的社区大家庭。2018年浦东新区实现缤纷社区建设全面覆盖。

（1）编制社区规划，对公共空间进行外部环境整治，不涉及规划调整

街（镇）在浦东新区规划和自然资源局的指导下编制社区规划，摸清公共空间和公共服务缺失较集中、较严重并亟待完善的区域，形成公共要素清单和分期行动计划，选取与居民密切相关的9类公共要素更新试点项目（口袋公园、街角空间、运动场所、活力街巷、慢行网络、林荫街道、公共设施、艺术空间、透绿行动），重点关注当年实施的项目，并对未来3~5年的项目作出预先安排。社区评估阶段强调规划统筹的顶层设计，制定“一张蓝图”的总体规划，作为引领社区整体更新的总体方案。

---

① 刘悦来团队撰写的《共建美丽家园——社区花园实践手册》一书以形象生动的图示语言介绍了社区花园建设经验。

社区规划建议的项目原则上不涉及土地权属变化，尽可能不涉及控制性详细规划控制指标和功能的调整，方便简易审批，快速组织经费，快速建设出成效。

（2）社区建设多主体参与，形成政府主导的多层次结构

社区建设参与主体是多方面的，主要包括居民、居委会委员、专业服务团队和个人、社会组织、企业、社区代表、媒体代表、街道办事处、政府部门等，形成“上、中、下”三层结构。三者相互协同，实现“自下而上”的基层自觉参与和“自上而下”的政府引导相辅相成，共同推进社区建设。例如，浦东新区规划和自然资源局出台了《浦东新区缤纷社区九项行动项目选址和设计指南》《浦东新区缤纷社区建设规划土地管理实施细则》等一系列文件，明确了缤纷社区建设的目标、内容、机制、流程、管理模式和责任分工，并通过流程图的形式让街（镇）和居民直观地了解推进的步骤，有效地推动了缤纷社区建设行动计划的落实。

（3）建立方案设计图、听证会、协调会、评议会即“一图三会”的推进流程

搭建共治平台，形成以街（镇）为责任主体，社区居委会为载体，基层群众自治组织，以及属地单位、社会组织、企业、社区各界人士等社区建设主体协同参与的社区共治组织体系。其核心原则是以社会化、市场化为基础，多元主体对社区公共事务进行共同治理，形成社区共识。“缤纷社区建设”更强调设计团队介入社区工作的过程，建立了“一图三会”的推进流程，以社区居委会、业委会为主体，依托设计团队在项目形成、项目实施、项目评价等环节上，实行全过程自下而上“一图三会”的社区自治模式，针对环境整治方案设计图广泛征求意见，体现出多方协作、公众全过程参与等特点。

（4）搭建网络沟通平台，整合横向、纵向信息与资源

“缤纷社区建设”建立了联席会议、微信群、微信公众号、每周项目报表等多个平台，解决横向、纵向信息和资源的整合问题。区分管领导定期主持召开联席会议，对“缤纷社区建设”工作中的共性问题进行协调指挥。建立工作联络微信群，市区两级部门、街（镇）、社会组织、社区规划师、设计师等在一个平台上实时分享信息，降低协调和沟通成本。通过微信公众号定期推送参考案例、工作进展、活动预告和回顾。各街（镇）负责对每一个项目建档立册管理，区规划和自然资源局进行汇总，及时跟进了解项目进展，推动项目落地实施。

（5）通过“政府＋众筹＋基金会”筹措资金，多种渠道推动项目后续维护

在资金方面，2017 年试点项目的资金来源以街道为主体，依托陆家嘴社区基金会这一平台汇集社会各方力量，采取“政府出一点、众筹一点、基金会筹一点”的方式筹措建设资金。在项目后续维护方面，根据不同项目的特点，采用街道管理、居委会

与物业公司管理、交由企业运营等不同方式进行运营维护，同时鼓励社区居民和周边企业对项目进行自我维护。

2.2.2　北京市创新“小手拉大手”等形式推进

（1）街道、中国青年政治院和属地小学进行参与式设计

北京市海淀区紫竹院街道和中国青年政治学院社工系等四个单位一起开展了城市小节点（社区花园）升级项目（大于1000m^{2}的城市设计）。结合留白增绿、拆违、提档提升、补充城市功能，与学校合作，选择一些小学生作为“小小规划师”，并邀请他们的父母、家人参与，“小手拉大手”共同参与社区的规划事务。有一些家长本身也是规划师、设计师，提出的方案都非常好，街道吸纳了这些意见，大家都很满意，实现了全员参与。项目还计划继续跟踪“小小规划师”的成长历程，把他们的小手印印在墙上。西城区、东城区也有类似的推进形式，如小区会客厅、胡同会客厅。会客厅模式实现了居民参与，使其产生情感共鸣。

（2）实施了小院议事厅和社区基金会等组织模式

通过小院议事厅的集体决策，推进社区环境提升。例如，史家胡同博物馆运营改造由基金会负责，在此基础之上又开展了大杂院和菜市场的改造。史家胡同已成为社区老人、儿童甚至年轻人乐意去的地方，他们共同进行社区营造、基层治理，组织参与社会活动，如“共生院”计划。社区通过更新改造挖掘老城陈旧的资源，将其变成资产，甚至引进资本进行运营。

（3）以社区服务中心为依托，建立社会组织服务（孵化）中心

社会组织通过社会组织服务（孵化）中心向居民提供其所需要的服务提供平台和相关条件，现已基本实现全覆盖。在社会组织服务（孵化）中心的支持下，积极培育生活服务类、公益慈善类、居民互助类以及针对特定困难群体的社区社会公益组织，并协助社区争取政府或社会机构提供的公益创投、补贴奖励、活动场地费用减免等各种支持。在街道层面，成立社区社会组织联合会，作为社区社会组织的协调机构，规范引导各会员单位的社区社会组织行为，并为其提供必要的资源支持、项目委托、代管资金、人员技术培训等社会服务。鼓励民间和社会力量根据自己的需要和能力参与社区微环境的提升等社区共同事项。

2.2.3　重庆市开展“三益社区”和“场景营城”的经验

2.2.3.1　“三益社区”建设

以建设益己、益人、益家园的“三益社区”为目标，重庆市南岸区南湖社区探索

社区动员新模式。花园 7 村社区现有住房 21 栋，总建筑面积 9.2 万 m^2，居民 1156 户，共 3468 人。社区居住建筑都建于 20 世纪 80 年代末，建设标准偏低，导致排污设施不畅、管线凌乱不规整、道路损坏、公共环境差、缺乏活动场地等问题日益突出，影响居民日常生活，小区管理难度增加。自 2017 年起，社区以“美好生活、共同缔造”理念为指引进行环境综合改造提升和综合整治。创新社区工作推进机制，形成“区政府整体统筹、部门分类管理、街道具体实施、居民全程参与”的强力工作机制。具体实施程序为：①建立项目库，街（镇）提出计划，经区计划、建设等主管部门联合会审合格后纳入项目库；②申请与受理，社区居委会组织开展意见调查，经三分之二居民代表同意后，再上报街道和政府相关部门；③形成年度改造计划，区住房和城乡局、建设主管部门审查后拟定当年计划上报区政府，批准后下发实施；④开展方案设计，街（镇）政府委托设计机构编制规划设计方案，初步方案需要征求居民意见，三分之二居民同意后报区住房和城乡局、建设主管部门，由其给出评审意见。改造资金以政府财政投资为主，社会投资和居民自筹为辅。积极申请中央预算资金补助的项目，其中央补助之外的资金由区财政承担。由市级预算资金补助的项目，市级补助资金之外的部分由区承担 90%，自筹承担 10%。其他项目由区财政承担 90%，街道办事处、社会投资和居民自筹承担 10%。同时，推动成立公益基金会，补充环境整治资金。并通过规划的统筹和引导，解决改造项目的系统性问题，如微交通系统改善、停车空间和可改造空间梳理等。

“三益社区”建设得到南岸区政府高度重视，财政投入力度大，已形成“建立项目库—申请与受理—形成年度改造计划—开展方案设计”这一较为完整的实施程序，以及申请各级政府预算资金补助的资金保障方式。按照问题导向自下而上进行的微改造已取得了一定的效果。动员社区居民参与社区微更新的决策过程，鼓励其对社区整治提升各阶段的方案提出自己的意见和建议，社区居住环境得到明显改善的同时社区居民的家园意识得到了有效提升，主人翁意识和社会组织也发育良好。

2.2.3.2 完善城市更新的场景体系

重庆市政府在 2021 年批复了《重庆市中心城区城市更新规划》。该规划提出将“场景营城”的方法贯穿城市更新规划始终，遵循由“兴产—建城—引人”升级转换为“引人—营城—兴产”的发展逻辑，从满足人的不同需求出发，采用生态沁人、形态宜人、业态塑人、活态聚人、神态动人、心态悦人“六态协同”场景营造策略，分别对场景内的生态景观环境、空间形态基因、居业协调发展、活动氛围策划、文化内涵塑造和群体精神反馈进行预设与引导，进而建设“住有其所”的宜居生活空间场所，激发城市内生动力，引发市民情感归属。围绕构建重庆市中心城区“山水生态场景、巴渝文化场景、智慧科学场景、山城宜居场景、国际门户场景”五类场景类型，分主题统筹、整合各更新片区及更新项目，重点聚焦两江主轴及长嘉汇、广阳岛、科学城、枢纽港、智慧园、艺术湾等代表重庆窗口形象的城市功能新名片，系统性加快相关高端功能集聚和城市品质全面提升。通过更新片区规划以及更新项目的策划，在五类场景的指导上加以细化，形成若干贴近百姓、易感知、可扩展、开放式的微场景。结合城市既有社区的更新形成山城人家、江镇江村、幸福家园等微场景，结合老旧商业区更新形成智慧商圈、不夜商街、潮玩街区等微场景，结合老旧厂区更新形成艺术群落、智造厂区、科技展窗等微场景，结合老旧街区更新形成红色印记、巴渝映像、开埠口岸等微场景。

2.2.4 台湾的社区营造经验

（1）社区营造的背景

清华大学社会科学学院信义社区营造研究中心罗家德和梁肖月《社区营造的理论、流程与案例》一书中对我国台湾的社区营造经验进行了系统的整理和介绍。作者认为20世纪90年代中国台湾面临社会转型，有两个最重要的社会建设对转型有帮助作用：一个是职业社群的自治理，如开展教授学术伦理、律师法治伦理、医生医德、媒体新闻伦理等一系列职业社群自我改良运动；另一个就是社区营造运动，帮助社区居民学习如何自治理、自组织地解决问题，通过民主协商机制，实现多元包容、和谐相处。

（2）社区营造的重点工作

社区营造运动在台湾影响很大，也对台湾政治和社会发展起到了非常重要的作用。台湾的社区营造是通过政府诱导、民间自发、非政府组织帮扶开展的，旨在推进社区居民的自组织、自治理，帮助解决社区基层的社会福利、经济发展、社会和谐问题。

首先，现代社区产生了大量对养老、托育、抚残、儿童教育、青少年心理疏导、终身学习等方面的需求，政府能做的仅仅是“保底”，一碗水端平，满足每个人最基本的需求；非政府组织虽然有专业水平，但杯水车薪，不足以满足整个社会的需求。所以，要提供这些社会福利，需要依托社区自身资源。最关心孩子的是他们的父母，最关心老人的是他们的儿女，让他们走出家门，结合起来，相互帮助，一起提供这些福利“产品”，这是社区营造的第一要务。

其次，乡村的社区营造在很多地方发展出具有后现代特征的小农经济，注重地方文化多样性、社区生活方式的重建、生态保育恢复等几个方面，发展各具特色的品牌农业、观光农业、食材特供基地、休闲旅游等。这样有助于缩小城乡差距，解决了部分地区的乡村“空心化”问题，推进城乡统筹发展。

再次，社区营造有助于保留传统文化基因的多样性，只有在社区中保留多样化的传统文化，传统文化才有实质性的内容，而不仅仅是博物馆中的摆设。政府与商业主导的开发常常将社区连根拔起，同样被连带拔起的还有孕育了几百年甚至千年的文化。我们加入社区营造这个维度，促使社会用自有的管理与组织抵御商业对本地固有生活的侵蚀，中华文化基因的多样性才能被保存，文化创意产业才会有根基。

最后，也是最重要的是，社区营造中的道德复兴不是通过喊口号或道德说教就能达成的，只有在小团体的声誉机制及监督机制中，道德原则转化成不同群体的非正式规范，引导人们在自治社群内的日常生活中相互监督又互相鼓励，现代生活的伦理才能落地。

2.3 社区调查的“路见”方法，查找社区共同的痛点与难点

2.3.1 “路见”小程序简介

“路见”小程序是北京数城未来科技有限公司研发的公众参与解决方案。“路见”是一个科学、高效的公众参与平台，基于微信小程序快捷调查公众诉求，结合空间分析和语义算法归纳共识观点，为多场景城乡规划和研究提供翔实且直观的民意支撑。作为一个基于微信小程序的公众参与平台，其极大地降低了社区居民参与社区治理的门槛，并结合微信公众号的内容发布和大数据分析后台，为城市政府和社区居民提供高效的公众参与解决方案，打造聚焦于提高城市空间品质和民生问题的公众互动平台。“路见”小程序目前已在北京、深圳、重庆、济南等城市进行了数十次实践，成效显著，深入探讨了安全上学路、低碳生活圈、共享单车等热点话题，累积收集线上居民提案数十万条。“路见”作为新媒体时代的工具性产品，其应用场景丰富：可以面向规划设计机构，提供公众视角的城市体检；可以面向非政府组织、企业和社会责任部门，致力于打造人本城市建设的有效手段，推动可持续城市理念的传播与落地；可以面向各级政府部门，顺应高质量发展的政策要求，打造城市和社区精细化治理的长效机制。“路见”小程序兼具互联网产品属性，可以帮助更多的人理解低碳出行、“人本城市”的理念，培养其参与城市社区治理的意识和习惯，推动在社区发展和建设中形成共建共治共享的新格局。

2.3.2 “路见”小程序的使用场景

其应用场景包括：城市体检、健康城市治理、交通改善、慢行系统建设、街区整治、宜居社区共建、话题导向、专题治理等。可以在社区规划编制初期，通过发动社

区居民参与使用小程序，分析居民身边环境中的问题。通过随手拍功能上传的各类环境问题，程序会自动记录下问题的地段和类型，在一定时间范围内进行大数据的汇总分析，提高社区规划编制工作的目的性和针对性。依托分析结果提出的环境整治方案能够更加有效地解决社区居民在日常生活中遇到的痛点和难点问题。以宜居社区建设场景为例，其旨在打造人性尺度的街区和便利的社区服务生活圈，是实现活力街区、宜居城市的有效途径，是“以人为本”规划设计理念的重要依托。“路见”小程序引导社区居民对公共空间、商业服务、医疗养老、环境卫生等热点话题展开讨论，自下而上形成基于共识的社区规划改善方案。

2.4 社会组织在社区规划编制中的作用①

2.4.1 非营利组织的定义

非营利组织作为社会组织，联合国将其主要特征归纳为：一是大部分资源来源于资财的供给者，他们不期望收回投资或据以取得经济上的利益；二是业务运营的目的主要不是为了获取利润或利润同等物，而是提供产品或劳务；三是没有明确界定的所有者权益，以及凭借所有权在出售、转让或赎回中，在组织清算、解散时分享一定份额的剩余资财的权益。其主要开展各种志愿性的公益或互益活动。非营利组织是政府与居民的枢纽，可在城市社区服务中发挥组织功能。我国的非营利组织有消费者协会、残疾人联合会、中国红十字会，各类基金会、慈善协会、环保类团体组织、政府性组织等。非营利组织涉及的领域非常广，包括艺术、慈善、教育、学术、环保等。其运作并不是为了产生利益，这一点通常被视为这类组织的主要特性。同时非营利组织还具有民间性、自治性、志愿性、非政治性等重要特征。与社区规划编制相关的非营利组织主要是社区基金会、各类互助协会等社区公益组织（图 2–4）。

图2–4　社区社会组织力量助力社区成长

① 本部分内容发表于内部资料《重庆市规划和自然资源前言观察》总第 181 期《非营利组织参与社区治理与服务的模式创新——以桃源居社区为例》，本段文字所有权与修改权都归重庆市规划设计研究院闫晶晶所有。如需引用，请与原作者联络。

2.4.2 中央政府的部署

党的十八届三中全会以来，中央从顶层设计上对整个社会治理体制改革作出了部署，明确提出重视和发挥社会组织作用，鼓励社会组织参与社区管理与公共服务，创新社会治理体系，并为社会组织的成长与作用发挥提供了新制度空间。下面以桃源居社区实践为例，非营利组织在其中作为第三部门参与社区服务，成为社区居民和政府之间的有效沟通桥梁，在社区服务中发挥着越来越重要的作用。

2.4.3 桃源居社区建设模式简介

桃源居社区建设由深圳桃源居集团发起，规划建设了功能相对完善、基本服务齐全的宜居社区（桃源居或桃园社区）。地方政府通过社区居委会提供公共管理、教育、卫生、交通等基本公共服务，民营企业提供配套商业和服务业等市场性服务，同时积极推动社会组织通过公益资产和义工人力资源提供社区公益和慈善服务。此外，深圳桃源居集团捐资成立了桃源居公益事业发展基金会（中国首家社区基金会）。基金会不直接资助政府公共服务机构和个人，而是负责在社区内筹建“一站式”社区公益中心，对所有公益资产、福利项目和盈利收入进行监管，杜绝趋利性行为，同时资助和培育社区内的公益性社会组织，完善公共服务与福利体系，为社区公益事业的发展提供“源头活水”，从而实现社区公共服务的良性运营和可持续发展。

桃园居社区位于重庆渝北区双凤桥街道，辖区面积1.26km^2，居住人口3.5万左右。社区公益中心位于开发商代建的桃源公园中，建筑面积约1万m^2，内设便民服务中心（社区居委会）、社区卫生服务中心（街道级设施）、多功能室、社区图书馆（渝北区图书馆分馆）、社区文化室、社区老年大学、老年人俱乐部、科普健身广场等公益性设施和健身房、女性素养中心等营利性设施。社区公益中心产权归属区政府，目前委托开发商使用管理（年限50年），其运营同时受基金会监管。

非营利组织参与桃源居社区服务主要有以下四个特点。一是社区服务与社区管理高度融合。桃源居社区破除服务与管理“两张皮”，通过一系列制度创新，将行政资源、社会管理资源、公共政策资源、企业单位的设施资源、社区内的党组织资源有效结合起来，组合成高效的服务网络，实现社区和谐自治。二是多渠道筹集社区服务资金。桃源居社区创造性地提出“五个一点”的资金筹集办法，即政府、物业公司、开发商、社区经营组织各出一点，社区义工组织经营一点的办法。同时，重视社区资产的培育，许多公益资产由深圳桃源居集团投资建设并无偿捐赠，统一由社区公益事业发展中心经营，以公益资产的建设和积累为基础，吸收慈善捐赠，通过有偿经营不断发展壮大。三是社区服务的福利化。按照既奉献又适当有偿的原则，将提供服务的义工、义警、社工的奉献以积分的形式累积，实行福利兑换，如兑换残障人士的护理和生活服务等，提高了居民的积极性，助推了社区服务的可持续发展。四是社区服务与社区自治有机结合。桃源居社区内活跃着数十个社区民间组织，开展日常自助、自治，如桃源居公益事业发展中心、老年协会、社区邻里中心、文化教育儿童中心和各类志愿者服务中心、业委会等。这些自治组织将社区服务与社区管理紧密结合，还通过社区服务将社区管理融入日常服务中。由于居民积极参与社区自治，自桃源居社区成立以来，尚无业主刑事案件和邻里纠纷。

为补齐基层公共服务设施建设的短板，重庆市自 2013 年起开展了《重庆市主城区街道和社区综合服务中心布点规划》编制和政策研究，提出了一系列政策建议。具体包括：依托现有国资平台成立非营利的社区服务机构，以其作为运营主体，特许其有权对产权明晰的社区服务用房进行资产优化处置，对产权不明晰的社区服务用房以成本价征收；在经过公示等程序后，可对社区服务设施的使用功能进行调整，将“死资产”变更为“活资产”，使社区服务设施空间资源能够借助市场的力量得到优化配置，同时降低服务成本，加快推进基层公共服务能力、品质和效率的提升。

2.4.4 桃源居社区模式的经验

非营利组织真正参与社区服务需要推进以下四个方面的工作。一是完善社区立法，规范并保障社区自治。修改、完善现行法律法规并大力推进社区专门立法，如社区服务、社会保障、社区医疗、社会救助等诸多领域，尽快建立健全配套制度，规范非营利组织的地位和行为。二是处理好政府管理与社区自治的关系。社区自治并不意味着政府可以置身事外。首先要明确政府管理与社区自治的边界，其次要积极培育社区自治组织，淡化社区管理的行政性，增强社区居民的自治能力。此外，要创新社区日常运行机制，容许公益事业借助各种社会中介组织和各种市场主体的参与有效处理社区公共事务，推进社区事务管理的社会化、专业化、科学化。三是重视社区规划编制先行。桃源居社区模式的实践有赖于其制定了完备的社区建设规划，特别是要统筹考虑涉及居民公共利益的教育、卫生、交通等公共建筑配套设施，对于基层的公共建筑用地应预留和保障建设空间。四是明晰社区公益性资产的产权。包括社区公益设施的归属产权、社区自治组织的所有权和收益权等，通过明晰的权属保障公益性设施不受侵占，保障以社区公益性事业属性运转，保障社区通过民主自愿方式筹集的资金不被挪用等。

2.5 如何成立社区公益（发展）基金会

2.5.1 成立社区公益（发展）基金会的必要性

从北京、上海和重庆等地的经验看，推动基层社区成立各类公益性组织，包括各类公益基金会，是动员社区居民参与社区发展事务的主要着力点。北京市的社会组织服务（孵化）中心就是通过推动社区成立社会组织，来发动市民共同参与社区事务，为社区居民都认为需要加以解决的问题出钱出力。为了集聚社区资源，提升社区自我发展能力，推动成立社区公益（发展）基金会是各地的主要做法。

社区基金会是指利用自然人、法人或者其他组织捐赠的财产，以从事街（镇）公益事业、参与社区治理、推动社区健康发展为目的，按照《基金会管理条例》规定成立的非营利性组织法人。例如，杭州市余杭区专门下发文件《关于推进建立“社区公益（发展）基金会”的通知》，提出成立社区基金会是落实党的十九大精神，加快推进社区治理体系建设创新的有效途径。社区基金会可有效撬动社会力量参与社区治理，在整合社区资源、解决社区问题、促进社区融合、推动社区自治等方面能够发挥积极作用。同时还明确了鼓励政策，要求余杭区民政局加强对社区基金会的培育和引导，积极引导社区基金会参与社区建设，服务民生发展，推动基层自治、共治。余杭区社会组织创新发展专项资金还将对每个完成注册登记的社区发展基金会给予10万元的一次性补助。

2.5.2 社区公益（发展）基金会申请条件

按照国务院发布的《基金会管理条例》规定，设立基金会应当具备下列条件：①为特定的公益目的而设立；②全国性公募基金会的原始基金不低于800万元，地方性公募基金会的原始基金不低于400万元，非公募基金会的原始基金不低于200万元，原始基金必须为到账货币资金；③有规范的名称、章程、组织机构以及与其开展活动相适应的专职工作人员；④有固定的住所；⑤能够独立承担民事责任。同时，申请登记为慈善组织的基金会，应符合《中华人民共和国慈善法》第九条至第十二条规定。

申请设立基金会，申请人应当向登记管理机关（一般是地方政府的民政局）提交下列文件：①申请书；②章程草案；③验资证明和住所证明；④理事名单、身份证明以及拟任理事长、副理事长、秘书长简历；⑤业务主管单位同意设立的文件。

3　社区规划涉及哪些内容

3.1　如何改善社区服务设施空间

3.1.1　存在的主要问题分析

3.1.1.1　设施配置标准不达标，数量不足

根据《社区公共服务设施配置标准》（DBJ/T 50—090—2009），社区服务站建筑面积为500~800m^2；根据《重庆市城乡公共服务设施规划标准》（DB50/T 543—2014），社区服务站建筑面积最小规模为600m^2。而具体实践中，新建小区大多是按每百户15~30m^{2}的标准配套“社区组织的工作用房和居民公益性服务设施”。从实施情况来看，社区级基本公共服务设施用房建设严重不规范，建筑规模不达标，不能很好地满足发展需求。例如，重庆市渝北区某街道，辖区内社区用房面积普遍很小，基本都在80~200m^2，使用空间十分局促，有些甚至无法使用。

调研发现，在各部门众多社区服务站项目中，有些社区公共服务设施用房十分有限，各功能室均承担着多种社会公共服务职能，服务性质相近的、设施设备可共享的一些职能被安排在一间办公用房之内，“一室多用”现象十分明显。例如，重庆寸滩街道某社区的社区文化活动室同时肩负着社区文化办公室、“四点半学校”、社区书屋、人大代表工作站、人大代表民情联系点等职能。大竹林街道某社区也因办公空间有限，不得不将老年活动室、妇女之家、小会议室、侨胞协会、科技协会、“民间包公”党支部活动室集中在一起，共享空间。在龙山街道，社区居委会最多挂有15块牌子，而且各自颜色不一、长短不一，里面的结构、设施看起来条件很差，如同杂物间。

在卫生服务方面，规划要求每个社区居委会设置一处卫生服务站，实际建设过程

中往往未按照这一标准执行，而且现有卫生服务站面积不达标。以重庆市九龙坡区某小区为例，虽然移交出来的社区卫生服务站建筑面积达到 300m^2，但因包含了电梯、楼梯等，人员长期穿插，实际上无法正常运营。在养老方面，社区日间照料中心平均占地仅有 200~300m^2，远低于国家标准最低 750m^2 的要求。大部分都是租房建设，缺乏室外活动场所。例如，重庆市渝中区某社区老年人日间照料所仅有 235m^2，老年人日常活动不便。在文化活动方面，中心城区社区文化活动室建设规模普遍偏小，为集约节约用地，一般设置在社区居委会内部，与社区行政管理联合办公，独立占地、独栋建筑的社区文化活动室尚不存在。在体育方面，重庆市中心城区的社区足球、篮球、排球和门球等体育运动设施严重缺乏，体育设施集中于乒乓球、羽毛球等大众化的项目，种类不齐全。以某社区为例，辖区面积 3.47km^2，常住人口约 1 万，具有季节性需求特征的游泳池仅有两处，常年需求旺盛的篮球场仅有一处。有学者选择了重庆市渝北区、江北区、沙坪坝区、南岸区、渝中区、九龙坡区和大渡口区的 18 个不同人口规模与类型的社区进行体育设施普查调研，发现各社区的人均体育设施用地规模浮动较大，最低为 0.04m^2，最高为 0.6m^2。

3.1.1.2　设施分散配置问题突出，移交使用周期长

调研发现，重庆市中心城区社区公共服务用房布局存在不均衡问题，导致公共服务设施较分散，这种现象在老城区尤为严重。同时，绝大多数新建小区都是分期建设，而出让地块中未明确规定设施交付时间、在所处小区的位置、建筑功能布局等，综合导致开发商交付的配套用房大多布局分散，而且移交使用的周期也很长，既不利于服务居民也不便于社区管理。

例如，渝中区石油路街道的虎头岩社区，随着城市开发建设，辖区人口越来越多，现已拆分为两个社区。在新成立的社区中，居住小区也都是分期建设的，而配套的社区公共服务设施用房计划在后期建设。因为建设时序的影响，该社区已有大量入住人口，但社区却没有工作用房可用，街道办事处和开发企业多次协调，但一直未能妥善解决问题。

调研还发现，即使是在同一个小区中，由开发商配建的公共服务设施用房也比较分散。例如，重庆市九龙坡某小区按规划配建的 300 多 m^2 的社区用房分散在四个地方，实际上是无法使用的。又如某小区项目有 9 个土地证，因分期开发而配建多处社区用房，前三期提供的社区用房面积都只有 100 多 m^2，根本无法使用，后面经过协商才将剩下几处合在一起。

3.1.1.3　设施位置偏僻，居民可达性低

当前控制性详细规划没有对社区层面的公共服务设施的位置作要求，在市场利

益的驱动下，开发商一般是将比较偏僻、区位条件不好、功能不完善的房间交给社区使用（图 3–1）。一些社会责任感较弱、更关注企业经营利润的开发商，对要求配套的公共服务设施多是按照最低要求进行建设，建成设施或是位于地形复杂区、交通性道路附近、高压走廊穿越区等居住地块的边角处，或是位于高层建筑的裙楼，没有独立的用地，没有活动场地。例如，某社区便民服务中心位于地下 4 层，社区居民办理事务还须经小区保安盘问、审查，导致物业公司、业主、居民的矛盾突出。

图 3–1　某社区服务站入口照片

有些用房分布在无电梯到达的低、多层，这种方式给老年人带来较多困难，加之区位偏僻、不临街，老年人要享受服务需要走较长的路或很难找到。例如，某社区居委会位于 3 层，楼梯间基本上就是单排楼梯，台阶狭窄，只能供一人通过，老年人上下楼极为不便。

3.1.1.4　设施用房质量差，空间使用不便

根据相关文件要求，地块开发建设单位应按照规划设计条件，无偿提供相应的社区公共服务设施，但实施时缺乏建设条件约束，实际移交质量往往达不到社区组织工作用房的相关要求。开发企业勉强提供的用房，往往规模小、标准低，还位于偏僻的区位，建成后难以按规划用途投入使用，造成使用不方便、效率低下。例如，某小区交付的社区用房属于转换层，房屋空间被排风管道及下排管道占用，空间高度仅为 1.72m，无法作为社区办公用房使用，只能作为临时仓库使用。一些配建用房过于分散，不适用，只能闲置。例如，某社区办公用房位于架空一层（实际为过道），面积为 98m^2，地处死角，常年垃圾遍地。

3.1.1.5　设施用房产权未按要求移交

由于根据资金的投入划分产权主体，谁投资谁建设，在实际中造成产权划分混乱，大量的社区用房都没有自己的产权，在社区管理服务工作过程中存在较大隐患。例如，重庆观音桥街道某社区，属于 20 世纪 70~80 年代建设的老旧居住小区，2007 年旧厂区破产时，经过与政府交涉后将退休职工纳入社会化管理，并交付社区和街道办公用地，以及退休人员的活动场地。但街道办事处要求过户产权时遇到种种困难，始终没有协调下来。现在厂区面临征收问题，因产权不在街道和社区，社区面临征收

与赔偿的困难。

龙山街道的 11 个社区中只有两个社区用房有产权，其中一个街道出资购买的，另一个社区用房前期只有土地使用证，通过遗留问题处置才办理了房产证，其他 9 个社区均没有相关证件。

九龙坡区共有社区 115 个，涉及办公服务用房（含主体及分散用房）250 处。由于开发商不配合等原因，仍有 123 处开发项目配置的社区办公服务用房未办理产权手续，影响了社区管理服务工作的可持续开展。

3.1.2 规划的主要内容，能解决的问题

社区服务设施按功能分为公益性服务设施和经营性服务设施两类。公益性服务设施不以营利为目的，由政府通过多种途径向公众提供基本而有保障的教育、医疗、文体、养老、菜店（平价超市）、市政公用、环境卫生、绿化等服务设施。经营性服务设施以营利为目的，由市场或社会团体投资实施，向公众提供可由市场调节的教育、医疗、文体、养老、商业、金融等服务设施。社区规划编制应遵循“保基本、兜底线、公益性为主，引导基本公共服务功能与社区治理需求相衔接”的原则，重点解决对政府服务的行政依附性强的公益性设施，主要为便民服务中心、警务室、卫生服务站、老年人日间照料中心、托育设施、文化活动室、多功能运动场、菜店 8 项设施功能。第 9 项是其他便民商业和服务业设施，主要通过市场化的、由供给机构或个人分散决策的方式根据实际需求提供有偿服务（表 3–1）。

（1）便民服务中心（也称“社区服务站”）

便民服务中心是党委、政府及群团组织延伸到社区的公共服务平台。其主要承担以劳动就业、社会保险、社会救助、社会福利、文体教育、科普宣传、党员活动、群团服务、医疗卫生、计划生育、社区安全、法律服务、人民调解、违章建筑巡查、流动人口管理、流浪人员救助等为主要内容的政府公共服务工作，由社区党委领导下的社区居委会负责日常运作。其一般设有党员活动室或多功能厅，可提供困难弱势群体帮扶和政策法律咨询等服务，可开展家政、代购代收代缴等拓展服务。

（2）警务室

警务室是公安警察开展社区巡查时在社区办公的地方。其在此组织动员社区居民参与日常治安防控，与社区居委会一起研究和解决社区治安问题。

（3）卫生服务站

作为街道卫生服务中心的派出机构或地方卫生健康主管部门认定的服务机构，社区卫生服务站属非营利性机构。其负责社区居民的卫生信息管理，健康教育与健康促

社区综合服务中心主要设施职能 表 3–1

类别	名称	功能内容	依据
行政管理服务设施	便民服务中心（也称“社区服务站”）	是党委各部委、政府各部门及群团组织延伸到社区的公共服务平台，在平街层设立“一站式”服务平台。主要承担以劳动社区就业、社会保险、社会救助、社会福利、党员活动、群团服务、医疗卫生、计划生育、文体教育、社区安全、法律服务、人民调解、科普宣传、违章建筑巡查、流动人口服务管理、流浪乞讨人员救助等为主要内容的政府公共服务覆盖到社区的工作。应设立具有远程教育终端的党员活动室。 提供全程代理、帮扶困难弱势群体和政策法律咨询等基本服务，开展家政养老、代购代收代缴等拓展服务	《重庆市人民政府办公厅关于印发〈重庆市社区服务体系建设规划（2011—2015 年）〉的通知》（渝办发〔2012〕135 号）、《关于〈加强区县（自治县）、乡镇（街道）、村（社区）三级服务中心建设健全服务群众工作体系的意见〉的通知》（渝委办发〔2014〕15 号）
	警务室	是社区警察办公处，以社区巡查为主，动员居民参与治安防控，共同研究和解决社区治安问题，辅以多种矫正和疏导措施	无国家标准，参照《重庆市城乡建设委员会关于发布〈重庆市社区服务设施配套标准〉的通知》（渝建发〔2009〕56 号）
医疗卫生设施	卫生服务站	非营利性基层医疗卫生服务机构。卫生信息管理，健康教育与健康促进，传染病、地方病、寄生虫病预防控制，慢性病预防控制，精神卫生服务，妇女保健，儿童保健，老年保健，残障人士康复指导和康复训练，计划生育技术咨询服务，协助处理突发公共卫生事件，上级下达的其他公共卫生任务以及其他基本医疗服务	《重庆市人民政府办公厅关于印发〈重庆市社区卫生服务机构管理办法（试行）〉的通知》（渝办发〔2007〕196 号）
社会福利设施	老年人日间照料中心	为社区内生活不能完全自理的老年人提供膳食供应、个人照顾、保健康复、休闲娱乐、精神慰藉、紧急援助等日间服务	《社区老年人日间照料中心建设标准》（建标 143—2010）
医疗卫生托育设施	托育机构	为 3 岁以下的婴幼儿提供托育服务的机构。包括婴幼儿活动用房、服务管理用房、附属用房和其他用房	《托育机构建设标准》（征求意见稿）（国家卫生健康委规划司，2021 年 12 月）
文化设施	文化活动室	包括多功能活动厅（可供老年人、未成年人、残障人士等群体综合使用）、辅导培训室、图书信息厅（室）、市民学校、展厅、健身娱乐厅（室）。有条件的社区（居委会）可以增设演出厅（兼排练）	参照《重庆市城乡建设委员会关于发布〈重庆市社区服务设施配套标准〉的通知》（渝建发〔2009〕56 号）
体育设施	多功能运动场	供居民日常体育锻炼活动的场所，包括乒乓球台、羽毛球场、网球场、健身路径、室外综合健身场地、标准篮球场、普通游泳池、小型足球场等	《重庆市规划局关于印发〈重庆市住宅项目配建体育设施规划管理暂行规定（试行）〉的通知》（渝规发〔2010〕111 号）
商业服务设施	菜店（平价超市）	提供社区居民即时消费品和日常用品的场所，经营品种一般在 1000 种以上，能提供网订店取（送）、代收代缴、代订代购、电话购物、送货上门等服务，是最基层物价平抑功能的社区公共设施	《重庆市商业委员会关于印发〈重庆市社区商业建设规范〉的通知》（渝商委发〔2011〕7 号）

进，传染病、地方病、寄生虫病等流行性疾病的预防控制，慢性病的预防控制，精神卫生服务，妇女、儿童、老年人保健，残障人士康复指导和训练，计划生育技术咨询服务，协助处理突发公共卫生事件，完成上级下达的其他公共卫生任务以及其他基本医疗服务。

（4）老年人日间照料中心

根据《社区老年人日间照料中心建设标准》（建标 143—2010），老年人日间照料中心是为社区内居住的生活不能完全自理、日常生活需要一定照料的失能半失能老年人提供膳食供应、个人照顾、保健康复、休闲娱乐、交通接送、精神慰藉、紧急援助等日间服务的设施。

（5）托育机构

托育机构是为 3 岁以下的婴幼儿提供托育服务的机构。场地部分包括建筑占地、室外活动场地、道路和绿地。建筑部分包括婴幼儿活动用房、服务管理用房、附属用房和其他用房。

（6）文化活动室

文化活动室是社区居民开展集中文化活动的场所，包括多功能活动厅、培训室、图书阅览室、市民学校、展示厅、健身娱乐厅（室）。有条件的社区（居委会）可以增设地方群众性文艺社团的演出和排练场地。

（7）多功能运动场

多功能运动场是供居民日常体育锻炼活动的场所，一般设有乒乓球台、羽毛球场、网球场、健身路径、室外综合健身场地、标准篮球场、普通游泳池、小型足球场等运动场所。

（8）菜店（平价超市）

菜店（平价超市）是提供社区居民即时生鲜消费品和日常用品的场所，并能提供网订店取（送）、代收代缴、代订代购、电话购物、送货上门等服务，是基层具有物价平抑功能的社区公共服务设施。

（9）其他便民商业和服务业设施

其他便民商业和服务业设施是以便利居民基本生活消费为目标，提供日常生活需要的商品和服务的属地型商业和服务业设施。便民商业和服务业设施根据服务要素不同，可分为基础保障型、品质提升型、特色引导型三类。便民商业设施包括社区级和居住街坊级两个层级：①社区级是指结合社区居委会的服务范围设置，步行距离在 10 分钟以内的设施，如超市、便利店、菜店、蔬果店、药店、快递驿站等；②居住街坊级是指结合住宅小区街坊范围设置，为一个或多个组团服务的设施，如商店（商场）、特色餐馆、家电维修、银行营业网点、电信营业网点等。

3.1.3 社区综合服务中心的配置标准

考虑到设施集中布局后部分功能可以共享，如公共厕所、社区食堂、会议室（多功能厅）、楼梯间等，在分散配置标准的基础上提高配置效率，可适当减少总规模。社区综合服务中心总建筑面积以 3000m^2 为宜（不含托育机构），室外应配置多功能运动场 1000m^2 和日间照料中心的室外活动场地 500m^2。其中各项功能适宜面积为：便民服务中心（社区服务站）800m^2，警务室 50m^2，老年人日间照料中心 750m^2，卫生服务站 300m^2，文化活动室 600m^2，菜店（平价超市）500m^2。针对具体社区进行设置时，应在充分考虑各社区的需求后，灵活确定该社区综合服务中心的建筑面积。其他便民商业和服务业设施的配置主要通过市场化的方式进行，在社区综合服务中心周边，由服务的提供者根据市场需求进行决策后相邻配置。

（1）便民服务中心（社区服务站）

重庆市社区规模差异很大，以前一个社区一般是 800 户，现在一般为 3000 户左右，最大的有 10000 户，最小的只有几十户。重庆现状大多数社区服务站面积为 600m^2 左右，居住小区级社区服务中心规模相对于其他城市配置标准较高。随着社区工作内容的增加，对服务设施的接待能力要求更高。国务院发布《城乡社区服务体系建设规划（2016—2020 年）》，要求建设以社区综合服务设施为主体、专项服务设施为配套、服务网点为补充的更加完善的城乡社区服务设施布局体系。该规划要求合理确定城乡社区综合服务设施的数量、规模、选址布局、建设方式、功能划分，按照每百户 30m^2 标准配建城乡社区综合服务设施。

从居住小区级社区服务设施的规模来看，重庆的居住小区人口规模为 0.45 万 ~1.5 万。根据《重庆市城乡公共服务设施规划标准》，社区服务站的最小规模为 600m^2，大大高于北京和青岛平均 180m^2 的标准。考虑到重庆市规划 1.2 万社区居住人口规模的需要，纳入社区综合服务中心的便民服务中心（社区服务站）的面积为 800m^2。

（2）警务室

按照《重庆市社区公共服务设施配套标准》和《重庆市城乡公共服务设施规划标准》的规定，警务室配置标准为每位警员 30~50m^2，按平均一个社区 1 名警员计算，警务室最小配置规模为 20m^2。考虑到重庆市标准化社区人口规模为 1.2 万，可能需要配置 1~2 名警员，重庆市提出纳入社区综合服务中心的警务室面积按 50m^2 配置。

（3）社区卫生服务站

社区卫生服务站是城市医疗卫生的基层服务设施，主要为居民提供便民服务。目前社区卫生服务站多沿街设置在建筑物底层，按营运方式划分为社区卫生服务中心直管和私人承包两种形式。

《重庆市城乡公共服务设施规划标准》提出社区卫生服务站建筑面积不小于150m²的控制指标，服务人口0.45万~1.5万，服务半径在500m范围以内，以保证居民可在5~10分钟的步行范围获得卫生服务站的服务。《重庆市社区卫生服务机构管理办法（试行）》提出社区卫生服务站的服务人口一般为0.5万~1万，二者相差不大。重庆市标准化社区的人口规模为1.2万，纳入社区综合服务中心的社区卫生服务站面积应按照300m²配置。

（4）老年人日间照料中心

根据《社区老年人日间照料中心建设标准》《重庆市城乡公共服务设施规划标准》的规定，在居住小区级社区应设置社区老年人日间照料中心；以白天照顾老人为主；按服务人口配置，每个中心最小面积750m²，占地面积1000m²。重庆市纳入社区综合服务中心的老年人日间照料中心面积控制在750m²，预留老年人室外活动场地面积500m²。

（5）托育机构

根据2021年12月23日国家卫生健康委规划司发布的《托育机构建设标准》（征求意见稿），托育机构按照服务内容和规模构成，可分为30托位及以下、31~60托位、61~90托位、91~150托位的托育机构。

托育机构可设置乳儿班、托小班、托大班三种班型：乳儿班，年龄段6~12个月，每班10人以下；托小班，年龄段12~24个月，每班15人以下；托大班，年龄段24~36个月，每班20人以下。18个月以上的婴幼儿可混合编班，每个班不宜超过8人。每个托位的建筑面积根据托育机构的规模按照9~12m²设置。如按照最小30个托位测算，一般建筑面积不得小于300m²。

（6）文化活动室

为保障城市社区文化站的有效实施与资源最大化利用，其建设标准不宜设置过高，参照北京市的标准，根据《重庆市城乡公共服务设施规划标准》规定的每处最小建筑规模设置为300m²，同时考虑到与发达地区的差距和社区人口规模1.2万的需求，重庆市纳入社区综合服务中心的文化活动室面积控制在600m²。

（7）菜店（平价超市）

根据街道面积的大小不同，规划菜市场可设置多处。在菜市场服务无法覆盖的地区（建议500m左右范围以外）应根据具体需要增设菜店。根据《重庆市商业委员会关于印发〈重庆市社区商业建设规范〉的通知》《重庆市城乡公共服务设施规划标准》，提出菜店配置标准为最小面积 100m^2，每千人 50~80m^2。考虑到菜店的公益性，其面积不宜过大，重庆市纳入社区综合服务中心的菜店（平价超市）面积控制在 500m^2，邻近大菜市场的社区不再设置菜店，其建筑面积可转为其他社区公益性功能。

3.1.4 一些新的技术与实践

3.1.4.1 构建社区生活圈

（1）重庆市规划街道综合服务中心和社区家园

1）探索性开展街道和社区综合服务中心布点规划

社区生活圈作为提高居民日常生活水平的规划手段，在新时期追求高品质生活目标的引领下，不断得到重视，各地都开展了深入实践。早在 2014 年重庆市就结合自身发展诉求和在规划全覆盖过程中整合基层公共服务设施规划空间的需要，在中心城区的规划未建成区域开展了街道和社区综合服务中心布点规划，按照规划居住空间的建筑密度预测人口密度，按照一定的规划居住人口规模合理布点街道和社区综合服务中心，相应划分了街道公共服务圈（相当于 20 分钟步行的服务距离）和社区生活服务圈（相当于 10 分钟步行的服务距离），集中预留基层公共服务的设施空间。坚持以政府治理为主导、居民需求为导向、改革创新为动力，健全体系、整合资源、增强能力，以加快建设街道综合服务中心和社区家园为抓手，完善公共服务设施体系，推动社会治理重心向基层下移，全面提升城市经济品质、人文品质、生态品质和生活品质，增强市民获得感、幸福感、安全感。按照构建便捷的街道公共服务圈和社区生活服务圈的要求，在中心城区规划城市建设区（包含未建成区域和建成区域）内统筹规划建设街道综合服务中心和社区家园（图 3–2）。

2）明确规划未建成区域街道综合服务中心和社区家园的规划标准

未建成区域街道综合服务中心的规划服务人口规模一般为 10 万左右，每个街

图3–2 重庆市仙桃街道综合服务中心照片

道综合服务中心占地面积应不少于 1.5hm^2，建筑面积不小于 15000m^2，应配置不小于 4500m^2 的有文化广场功能的室外健身广场。其中各项功能适宜建筑面积为：街道公共服务中心 500m^2，街道办事处 3000m^2，派出所 3000m^2，社区卫生服务中心 3000m^2，老年服务中心 1500m^2，街道文化中心 2000m^2。全民健身活动中心要适当布置篮球、羽毛球等体育健身项目，面积不小于 2000m^2。社区家园规划服务人口规模一般为 1.2 万左右，每个社区家园的建筑面积不小于 2700m^2，还应在室外配置用地面积不小于 1000m^2 的多功能运动场和不小于 500m^2 且与日间照料中心相邻的老年人活动场地。其中各项功能适宜建筑面积为：便民服务中心（社区服务站）800m^2，警务室 50m^2，老年人日间照料中心 750m^2，社区卫生服务站 300m^2，社区文化活动室 300m^2，菜店（平价超市）500m^2。社区家园的出入口应临街，方便市民使用，其中社区卫生服务站、老年人日间照料中心应设置在平街层，出入口相对独立。街道综合服务中心和社区家园各部分设施建筑规模应与服务范围的人口规模相适应，在条件允许的前提下，可适度提高标准，满足各项功能建筑的相关设计规范要求。街道综合服务中心和社区家园的各项设施应整合资源、统筹使用，可根据街道和社区的人口结构变化以及基层公共服务需求的变化情况，调整设施内部服务功能，体现各街道和社区的特色。

3）要求已建成区域的街道和社区服务设施相对集中布局

在已建成区域通过合理划分街道和社区，合理配置行政资源，以现状街道或社区为单元，按照“缺什么补什么”的原则和每百户居民拥有社区综合服务设施面积不小于 30m^2 的标准，制定有针对性的社区规划或更新规划，通过新建、改造、功能置换等形式，引导街道和社区级公共服务设施相对集中布局，形成街道综合服务中心和社区家园。建成区域的新建（改扩建）项目在供地前尚未开展社区规划或更新规划编制的地块，所属区政府（管委会）应提前开展街道和社区级公共服务设施专项研究，确定须纳入项目无偿配建的社区公益性服务设施功能，依法纳入建设用地规划条件进行土地供应管理。

（2）上海市推动 15 分钟社区生活圈规划

2016 年 8 月，上海市《关于印发〈上海市 15 分钟社区生活圈规划导则（试行）〉的通知》（沪规土资详〔2016〕636 号）系统地提出了社区生活圈建设的规划准则和建设要求，包括多样化的住宅、更多的就近就业、低碳安全出行、类型丰富与便捷可达的社区服务、绿色开放与活力宜人的公共空间等内容。步行 15 分钟可达、适宜的城镇社区生活圈网络平均规模 3~5km^2，服务常住人口 5 万 ~10 万，配备生活所需的文教、医疗、体育、商业等基本服务功能与公共活动空间。生活圈内设置社区中心，作为生活圈内的综合服务和公共活动中心。以500m步行范围为基准，配置满足老人、儿童、残障人士等弱势群体基本需求的日常生活服务设施。构建无障碍、网络化的步行系统，串联居住区、公交站点、若干服务中心以及就业集中点，形成安全、舒适的慢行环境。每个社区生活圈至少拥有1处面积不小于1.5万m^2的公园。

（3）国务院相关部门的推动

1）住房和城乡建设部推动的生活区和完整社区建设

2018年7月，住房和城乡建设部修订《城市居住区规划设计标准》，借鉴15分钟社区生活圈建设理念，提出按照居住街坊、5分钟生活圈、10分钟生活圈、15分钟生活圈四个等级设置用地指标、设施配建指标，在国家层面以规划标准的形式推动全国各层级社区生活圈建设。

2020年8月住房和城乡建设部等13部委联合印发《住房和城乡建设部等部门关于开展城市居住社区建设补短板行动的意见》（建科规〔2020〕7号），共同推进完整社区建设，要求按照《完整居住社区建设标准（试行）》，结合地方实际，细化完善居住社区基本公共服务设施、便民商业服务设施、市政配套基础设施和公共活动空间建设内容与形式，作为开展居住社区建设补短板行动的主要依据。

2）自然资源部推动社区生活圈规划

2021年5月，自然资源部发布《社区生活圈规划技术指南》（TD/T 1062—2021），补充了对乡村社区生活圈建设的指导意见，重点阐述了社区生活圈规划的总体原则以及城镇社区生活圈及乡村社区生活圈的规划指引、差异引导和实施要求等内容。结合15分钟和5~10分钟两个时空圈层，从全过程协同、多元主体共建、因地制宜推动实施三个方面，有效保障城镇社区生活圈及乡村社区生活圈的实施，为全国的社区生活圈规划实践提供了科学、系统的指导。

3.1.4.2　构建健康生活圈增加城市韧性

梳理国内外在应对突发公共卫生事件方面的经验可知，社区的治理水平直接影响着城市的应急能力。英国、新加坡等国家和我国台湾地区在社区层面均配备了包含日常健康和预防应急两方面的机构与设施。日常健康设施为基础，在传染病暴发等突发公共事件中可纳入应急使用，同时设置有专门预防应急设施，在社区可以快速响应，缓解紧急情况。

面对突发公共卫生事件，城市空间的“健康性”和“韧性”显得尤为重要，而社区是城市运行与治理环境中非常重要的空间单元。根据自然资源部发布的《社区生活圈规划技术指南》相关规定，社区生活圈应兼具基本健康服务与突发公共卫生事件应急服务的职能。一方面，要按“15分钟、10~5分钟”两个层级配置满足居民日常生活所需的健康管理、为老服务等设施；另一方面，要按“15 分钟、10~5 分钟”两个层级配置避难场所、应急通道和防灾设施，充分利用现有资源，建立分级响应的空间转换方案，有效应对各种灾害。

从增强城市安全韧性的角度，应将公共卫生应急的理念融入社区生活圈，以社区为单位，加强日常健康和疫情应急两大类设施与服务的配置，统筹布局基层医疗卫生机构与周边的平战结合空间，形成兼具维护人民日常健康需要和应对突发公共卫生事件应急职能的基层公共健康治理主体与空间单位。

3.1.4.3 积极营造社区特色文化

社区的历史和传统文化特色的传承与打造是社区可持续发展的重要议题，需要社区居民和参与社区管理与服务的人员共同努力，以谦卑的态度传承传统文化，以探索创新的勇气去尝试新的文化活动形式，满足社区居民对高品质生活的新要求。在这方面，北京市和成都市都进行了非常有益的探索。

北京史家胡同社区位于东城区，东起朝内南小街，西至东四南大街，南与东、西罗圈胡同相通，北邻内务部街，属朝阳门街道办事处管辖范围。该胡同建筑整齐，房屋较好，多为大宅院。胡同 51 号院是章士钊先生故居（辛亥革命后章士钊曾任教育总长），1984 年被评定为东城区文物保护单位。胡同 55 号院，大门影壁上还有砖刻和亲王题诗，两边还有对联遗迹。这些为社区的文化特色营造打下了很好的基础。社区充分发掘自身的传统文化资源，在胡同内建设了反映社区历史的史家胡同博物馆，由社区居民自己进行管理，成为宣传老北京胡同文化的一个重要载体。史家胡同及其社区博物馆已成为社区老人、儿童甚至年轻人爱去的地方。

成都市在政府的积极推动下，大力推动社区特色营造工作，成立了社区营造支持中心，建立了相应的培训课程体系，制作了一系列的“场景营造”专题培训课程，积极推进成都市的社区建设。成都市《2020 年全市党建引领城乡社区发展治理工作要点》提出实施主题社区建设行动，围绕文化、运动、科技、法治、国际化等主题，营造“一社区一特色”场景，打造国际化社区 28 个、其他主题社区 20 个。同时鼓励多方面的社会力量参与社区特色的营造工作。根据社区的资源禀赋，区分城市社区、产业社区、主题社区、乡村社区四种风格各异的社区旅游场景进行分类打造。例如，成都龙泉驿区的十陵街道石灵社区地处成都市“东进、中优”战略的前哨，是第三十一届世界大学生夏季运动会大运村所在地，也是“主题社区”建设的代表。辖区内风景秀丽、生态环境宜人，有面积为 3 万亩的青龙湖湿地公园。公园内的明蜀王陵是国家级文物，也是传统的客家文化在川传承的主要见证。其通过突出传统文化和自然环境优势，营造社区特色，成为主题特色鲜明的社区。

3.2 如何提升社区交通设施人性化

3.2.1 什么是社区交通人性化?

社区交通设施人性化是以人为中心，依据人的心理和生理需要，对社区交通设施进行优化。人是社区交通的主角，创造安全、快速、便利、高效的人性化社区交通，首先要考虑的是人。

社区交通人性化主要关注四点需求：

一是功能需求，交通功能是社区交通设施人性化规划中最为基础的，也最为重要的功能；

二是安全需求，在交通出行过程中，人身安全是需要首先考虑的重要因素；

三是特殊需求，特殊群体如残障人士、老人和儿童等的需要须充分考虑，这是以人为本的必然要求；

四是舒适需求，通行便捷、身心愉悦是社区交通设施人性化规划的核心所在。

3.2.2 规划的主要内容、解决的主要问题

社区交通人性化规划主要包括道路系统、慢行系统、配套设施三个方面的内容，重点关注和解决的是路网优化、公交优先、人车分离、步行顺畅、换乘便捷、停车方便、无障碍通行等问题。

3.2.2.1 道路系统人性化

社区道路系统主要包括：联系社区道路的城市干道、联系社区道路的城市支路、联系组团的社区道路、社区内部的宅间小路等。

（1）道路网络逐级衔接

社区交通系统应能形成连接重要节点的网络系统，主要包括五个层级：城市主干道—城市次干道—城市支路—社区道路—宅间小路，重点解决社区对外交通、居民出行问题。路网布局的三种模式如表 3–2 所示。

三种模式路网布局比较　　表 3–2

	格网模式	内环模式	外环模式
可达性	高	中	低
效率性	高	中	低
安全性	低	中	高
私密性	低	高	中

（2）道路宽度因地制宜

社区对外、对内道路规划应重点解决社区交通便捷性、可达性问题，道路宽度要求如表 3–3 所示。

社区对外对内道路宽度要求（单位：m）　　表 3–3

社区道路类型	红线宽度	人行道宽度
联系社区道路的城市干道	≥ 24	≥ 3
联系社区道路的城市支路	≥ 18	3~4
联系组团的社区道路	12~18	3~4
社区内部的宅间小路	6~8	—

（3）提倡公交优先

优化服务社区的公交站点布局，全面提高社区公交站点覆盖率，合理消除社区公交盲区，重点解决公交通行问题，尽可能解决地面公交与轨道交通的合理换乘，为社区居民提供更多、更方便的公交出行机会。

3.2.2.2　慢行系统人性化

（1）人车分离

社区内人行道与城市机动车道、非机动车道应分离布置，宜采取高差隔离、绿化隔离和设施隔离等措施，并限制机动车辆的进入，重点解决社区交通安全问题。

（2）方便可达的步行交通

社区步行交通除解决交通出行问题之外，还应满足居民健身锻炼、休闲游憩的日常生活需求。步行交通网络除了应串联社区公共服务中心、卫生所、超市、菜站、幼儿园，还应串联周边公园绿地、广场、湖泊、绿道等游憩空间。

社区步道宽度可以分为三个等级：2.0~3.0m，1.2~1.5m，0.7m。步行通道设计宽度宜为 2.0~3.0m，以满足轮椅、救护和搬动家具等通行需求；步行便道宽度宜为 1.2~1.5m，能够满足步行者双向通行需求；单人步行便道宽度可以为 0.7m 左右，能够满足一个人休闲漫步。

社区步道应充分利用地形，坡度不宜超过 6%；当地形坡度为 6%~10% 时，应顺等高线做成盘山步道；当地形坡度超过 10% 时，须设置台阶，每间隔 12 级台阶须设计休息平台。

社区步道长度应结合社区规模、空间布局、绿地分布、人群舒适度确定，须在 500m 长度范围内布设休息座椅，尽端式步道长度不宜大于 120m（图 3–3~ 图 3–6）。

图3-3 休闲适度、透水防滑的社区步道

图3-4 绿树成荫、方便可达社区步道

图3-5 绿色开敞、景色宜人的社区步道休息区域

图3-6 与城市衔接紧密的社区人行道设计形式

图3-7 绿色、畅达的自行车道

图3-8 自行车道在交叉口有设置需求

图3-9 “自行车 + 公交”的衔接

（3）快捷换乘的自行车交通

社区自行车道线路宜结合附近学校、商场、医院、公园、绿地、广场等设计，独立于机动车道或与机动车道，与其形成一定的分离，宜采用彩色、防滑、透水的铺装材料，并配上醒目的指示标志（图3–7、图3–8）。

社区周边常规公交站点和轨道交通站点宜布置自行车专用停车处，可派专人管理、维护，实现“最后1公里”的零距离换乘。社区出入口周边宜规划公共自行车停靠点，鼓励居民绿色出行（图3–9）。

3.2.2.3 交通配套设施人性化

交通配套设施主要包括停车设施和无障碍设施。

（1）停车设施

应根据社区人口总量、建筑容量、居民收入水平等，预测社区停车需求，结合重要公共设施节点、轨道交通站点及社区可利用空间，合理布局社区社会停车场（库），重点解决社区停车问题。针对城市既有社区应逐一开展社区规划编制，也可针对城市更新区域的停车难问题。通过开展停车泊位专项规划，结合城市更新区拟改造地块，划分停车单元，对基于存量的停车位供给现状、周边各类建筑停车位需求现状、周边居住和工作人群的停车位需求情况进行分析，评估存在停车位缺口的数量和已通过现有规划解决的停车位缺口情况等，在这些分析的基础上，合理分配和安排城市更新区更新地块的停车泊位总量缺口，在每个更新地块详细落实停车位空间，通过合理布局地下车库、路外停车、路内停车和小微停车楼，多渠道为城市既有社区的停车难区域增加停车泊位供给，以从规划编制的角度解决停车难问题。

1）地下车库

社区停车主要依靠配套的地下车库。地下车库规划应综合社区地形地貌，可设置为平台式、组团式等形式。

地下车库出入口宜布设两个以上。其中主出入口应设置于城市次干路上，出入口的位置应远离居住小区的步行主入口；地下车库出入口与城市道路红线的水平距离不应小于 7.5m，以尽量降低进出车辆对居民出行和道路交通造成的干扰。

地下车库出入口宜设置防眩板（棚），或栽种适宜的遮阳树木，以逐步改变光线强度，防止造成眩目。

2）路外停车

路外停车又称地面停车场，停车方式应以占地面积小、疏散方便、保证安全为原则，主要通道宽度不得小于 6m。

3）路内停车

在划定路段内适当预留社区路内停车泊位或空间，并合理划定停车泊位（图 3–10）。

4）小微停车楼

在停车难问题较严重的区域，可以利用小区内部零星空地等边角地块打造小微停车楼，提高空间利用效率，增加停车泊位供给（图 3–11）。

（2）无障碍设施和通道

地形起伏较大、高差明显的社区宜设置手扶电梯或垂直升降电梯。住宅入口须设置无障碍通道，解决特殊人群的出行问题（图 3–12）。

图 3–10　方便的社区路外、路内停车

3.2.3　一些新的技术与实践

3.2.3.1　相关标准

《城市居住区规划设计标准》（GB 50180—2018）对城市社区道路及配套设施的规划设计进行了明确规定，社区道路规划相关内容如下。

（1）道路

社区内道路的规划设计应遵循安全便捷、尺度适宜、公交优先、步行友好的基

图 3-11　某小微停车库

图 3-12　方便快捷的社区立体无障碍设施

本原则，并应符合现行国家标准《城市综合交通体系规划标准》（GB/T 51328—2018）的有关规定。

社区的路网系统应与城市道路交通系统有机衔接。应采取“小街区、密路网”的交通组织方式，路网密度不应小于 8km/km^2；城市道路间距不应超过 300m，宜为 150~250m，并应与居住街坊的布局相结合；社区内的步行系统应连续、安全，符合无障碍要求，并应便捷连接公交站点；在适宜自行车骑行的地区，应构建连续的非机动车道；旧区改建应保留和利用有历史文化价值的街道，延续原有的城市肌理。

社区内各级城市道路应突出居住使用功能特征与要求。两侧集中布局有配套设施的道路，应形成尺度宜人的生活性街道；道路两侧建筑退线距离应与街道尺度相协调；支路的红线宽度宜为 14~20m；道路断面形式应满足适宜步行及自行车骑行的要求，人行道宽度不应小于 2.5m；支路应采取交通稳静化措施，适当控制机动车行驶速度。

居住街坊内附属道路的规划设计应满足消防、救护、搬家等车辆的通达要求。主要附属道路应至少有两个车行出入口连接城市道路，其路面宽度不应小于 4.0m；其他附属道路的路面宽度不宜小于 2.5m；人行出口间距不宜超过 200m；最小纵坡不应小于 0.3%，最大纵坡应符合表 3-4 的规定；机动车与非机动车混行的道路，其纵坡宜按照或分段按照非机动车道要求进行设计。

社区道路边缘至建筑物、构筑物的最小距离，应符合表 3-5 的规定。

附属道路最大纵坡控制指标（单位：%）　　表 3–4

道路类别及其控制内容	一般地区	积雪或冰冻地区
机动车道	8.0	6.0
非机动车道	3.0	2.0
步行道	8.0	4.0

社区道路边缘至建筑物、构筑物最小距离（单位：m）　　表 3–5

与建（构）筑物关系		城市道路	附属道路
建（构）筑物面向道路	无出入口	3.0	2.0
	有出入口	5.0	2.5
建（构）筑物山墙面向道路		2.0	1.5
围墙面向道路		1.5	1.5

注：道路边缘对于城市道路是指道路红线；附属道路分两种情况：道路断面设有人行道时指人行道的外边线，道路断面未设人行道时指路面边线。

（2）配套设施

社区相对集中设置且人流较多的配套设施应配建停车场（库）。商场、街道综合服务中心机动车停车场（库）宜采用地下停车、停车楼或机械式停车设施形式，配建的机动车停车场（库）应具备公共充电设施安装条件（表 3–6）。

配建停车场（库）停车位控制指标（单位：车位 /100m^2 建筑面积）　表 3–6

名称	非机动车	机动车
商场	≥ 7.5	≥ 0.45
菜市场	≥ 7.5	≥ 0.30
街道综合服务中心	≥ 7.5	≥ 0.45
社区卫生服务中心	≥ 1.5	≥ 0.45

地上停车位应优先考虑设置多层停车库或机械式停车设施，地面停车位数量不宜超过住宅总套数的 10%；机动车停车场（库）应设置无障碍机动车位，并应为老年人、残障人士专用车等新型交通工具和辅助工具留有必要的余地；非机动车停车场（库）应设置在方便居民使用的位置；居住街坊应配置临时停车位；新建社区配建机动车停车位，并应具备充电设施安装条件。

3.2.3.2　规划案例

（1）上海市嘉定区黄渡居住社区交通规划

上海市依托新城和轨道交通建设，重点推进社区试点工作。其中，社区交通规划以嘉定区黄渡居住社区较为典型，通过完善道路网络与公交配套，衔接内外交通，减少跨组团交通出行，推进职住平衡，改善交通环境。

1）路网规划

以城市干路作为主要对外通道，重点关注进城通道、公交通道、铁路通道、轨道交通站点连接通道，对外交通衔接紧密、布局合理，与外围顺畅衔接。社区内部形成“四横三纵”的方格状路网，四通八达、方便畅通。

2）公交规划

根据社区公交需求，结合主、次干路上的公交站点，沿机非分隔带设置港湾式公交停靠站，包括 1 处公交枢纽和 1 处公交首末站。途经线路公交线路 5 条，公交站点按 500m 服务半径设置，站距控制在 500~800m。

结合社区服务中心、公共活动中心、文化娱乐休闲场所、社区出入口等设置出租车候客点，每处候客点设置 3~10 个泊位。

3）慢行交通

结合公交枢纽或站点设置公共自行车租赁系统，完善慢行交通环境，解决公交和轨道交通末端“最后 1 公里”问题，为居民提供更加便利的公共交通服务。设置 12 处公共自行车租赁点，服务半径控制在 500m 左右，保证公共自行车的服务范围内居民租赁、换车便捷。

4）配套项目

重点规划建设陇南路（穿越 G15 沈海高速公路通道）、昌吉东路（至轨道交通的主要通道）以及春浓路（跨沪宁铁路通道）3 个外围配套道路项目，满足交通出行配套需求。

（2）北京市新型社区交通规划

北京市新型社区主要采用以公共交通、非机动出行为导向的开发模式，同时适当增加道路网密度，减小道路间距，优化道路空间，以此提升社区交通人性化。

1）公交导向的社区交通模式

主要采用以公共交通为导向的开发模式，组织适合公共交通发展模式的土地开发模式，以适应社区日益增长的出行要求。

2）加大密度、减小尺度、强化连通的社区交通模式

适当增加道路网密度，减小道路间距，增加社区道路连通性，优化充满活力的道

路空间，让人们的交流和生活空间灵活化，给人行带来更多的道路选择，以此提升居民的舒适感和安全感。

3）非机动出行导向的社区交通模式

采用以步行、非机动车出行为导向的开发模式，给街道增添活力；采用适宜的人行道宽度，为社区积聚人气；进行人车分流，更好地分散交通，缓解高峰时段的拥堵，营造和谐的社区氛围。

3.2.3.3 相关经验借鉴

一是合理确定社区交通规划目标。结合上层次规划要求，合理分析社区居民的出行需求和交通流特征，确定社区交通规划人性化目标。

二是合理组织社区车行交通。制定机动车通行方案，提倡建设高密度支路和次干路；明确道路网络规划标准，形成间距合理、内外衔接的人性化骨架结构；完善社区内部道路系统，改善社区内部交通微循环；明确相应的道路红线宽度、路幅分配方案，按照交通流向特征设置机动车道；完善公共交通系统，实现社区内外交通的可持续转换。

三是优化社区内步行及非机动车交通空间。强化社区公共交通，实现“最后 1 公里”无缝接驳；利用城市道路两侧的人行道、居住组团之间的线性空间，优化社区步行及非机动车空间；串联社区重要公共空间节点，减少跨组团交通出行，推进职住平衡。

四是统筹规划配套交通设施。科学预测社区停车需求，结合重要公共设施节点、轨道交通站点及各种可利用空间，节约集约规划布局公共停车场（库）；在社区人流集散点设置充电桩、充电站等新能源汽车配套设施，并做好标识引导；完善社区无障碍设施，优化设置道路指示牌、人行横道线、减速标志、信号灯和道路照明布点。

3.3 如何营造社区公共活动空间

3.3.1 公共活动空间内涵与特征

3.3.1.1 公共活动空间是什么

公共活动空间的常用英文“public space”表示，指代一个不限于经济或社会条件、任何人都有权进入的地方，如街道、广场等。公共活动空间是城市生活的主要场所，是一座城市的“共享客厅”。对于居住并生活在城市中的市民而言，公共活动空间不仅是其从事城市生活的实体环境，也是难以割舍的精神依托，同时它也体现出城市的主要形象，是通往城市“灵魂”的重要窗口。公共活动空间的营造是构筑城市社会生活及其愿景的重要方式（童明 等，2021），也是城市规划建设的核心与重点。阿尔多·罗西等新理性主义学者强调，只有城市的公共空间才能真正代表城市生活。简·雅各布斯在《美国大城市的死与生》中提到，城市是生动、复杂而积极的生活本身，应关注街道、步行道和公园的社会功能，关注人性化的城市环境。杨·盖尔在《交往与空间》中，通过研究什么样的建筑和环境设计能够更好地支持社会交往和公共生活，提出了户外空间规划设计的有效途径。凯文·林奇在《城市意象》一书中提出城市意象的构成要素包括路径、边缘、地标、节点和地区。

3.3.1.2 社区公共活动空间的分类

（1）类型

社区公共活动空间是除了社区中的私人空间（如私人归属的实体建筑等）之外，供所有居民共同享用的其他所有公共活动空间，用于居民的社会公共交往、娱乐健身、活动举办等，按照功能可以划分为社区商业活动空间、社区游憩活动空间、社区教育活动空间、社区服务活动空间等。

（2）分级

结合《城市居住区规划设计标准》相关表述，社区公共活动空间可分为十五分钟生活圈居住区、十分钟生活圈居住区、五分钟生活圈居住区和居住街坊四级。

（3）形态

按照围合方式，可以分为开放式形态、半开放式形态。当社区中的公共空间四周无一面明显围合物体（如墙壁、密度较大的树木等）时，该公共空间即为开放式形态；而当其周围有不止一面明显围合物体时，便为半开放式。也可按照视线划分，以其是否四面可视来划分。

3.3.1.3 公共活动空间的尺度

（1）尺度的意义

尺度是一种用来衡量事物的标准，如我们常说的大小、宽窄、高矮等。凡是和人有关系的物品往往都存在尺度问题，即物品一旦不符合适宜的大小和尺寸，就会造成人们使用上的不便。对于公共活动空间而言，周边建筑物的高度、体量、比例，立面的特定材质、色彩和细部等都会带给人不同的感受，如较窄的街道、小巧的空间都会令人感到亲切宜人。反之，那些有着宽广的街道和高楼大厦的地方往往使人觉得不可靠近（张扬，2004）。

（2）理念与导向

社区公共活动空间应以适宜的尺度满足社区居民在物质、精神、心理、行为规范等方面的需求，要让居民有兴趣去使用，使公共活动空间充满活力。一般而言，社区公共活动空间首先应可达性良好，在使用方面，尤其是满足老年人和儿童自身活动能力有限需就近的需求；其次是尺度宜人，人们在长、宽为70~100m的空间中能够观赏到空间细部，感受近在咫尺的人群活动；再者是要多利用闲置地进行再改造，既有效利用社区的“边角余料”，又能够节约建设费用（汤超，2010）。

（3）相关理论

公共活动空间的特点在于围合性、领域性。空间围合度取决于公共活动空间的宽度（D）与相邻建筑高度（H）的比值。日本学者芦原义信提出，当D/H大于1时，随着比值的增大，会逐渐产生场所之感，超过2时，则会有宽阔之感；当D/H小于1时，随着比值的减小会产生接近之感；当D/H等于1时，高度与宽度之间存在着一种匀称之感（芦原义信，1985）。卡米洛·希泰（Camillo Sitte）认为，广场宽度的最小尺寸应等于主要建筑的高度，最大尺寸不宜超过主要建筑高度的2倍，用D/H来计算的话，比值在1~2的广场最有集聚感。关于空间领域性，扬·盖尔在《交往与空间》中提出，0~100m可以算作个人感受到的社会性视域。

3.3.2 公共活动空间的设计与引导

3.3.2.1 调查

精准化的设计策略是建立在翔实的基础调查之上的，可以发动社区居民使用名为“路见”的微信小程序，在规划编制的初期，以多种形式广泛动员社区居民及时通过拍照反馈社区环境存在的问题与改造提升的建议。小程序从步行、公共交通、机动车停放、卫生环境、公园绿化、菜场超市、照明与监控、医疗养老、儿童活动场所、文体娱乐设施、疫情防控设施、自定义设施等方面反馈在社区居住环境中存在的问题。

社区公共活动营造的调查工作，首先应着重考虑居民的活动特征和活动需求，可以选择工作日和周末的不同时间段，通过实地观察和问卷访谈的形式了解居民的活动习惯、活动时间、活动类型、满意度等。社区居民按照年龄层次大致可分为老年人、成年人和儿童。不同年龄层次的居民具有相应的心理需求和行为特征，其中老年群体和儿童群体的行为特征与需求情况是调查的重点。

其次，要认真识别社区公共活动空间的现状特点和问题，重点从空间的尺度、功能、使用频率、绿地率、标识体系、配套设施等方面对各类型公共活动空间进行评价。由于户外的公共活动空间是居民日常使用最频繁的区域，也是日常交往最重要的场所，应重点对社区游憩活动空间进行调研，包括社区广场空间、社区入口空间、宅间绿地空间、小型健身休闲空间、路旁街角空间等。

3.3.2.2 设计

社区公共活动空间的营造应重点考虑以下三个方面。

其一，舒适性。舒适性是影响公共活动空间使用的重要因素，一些公共活动空间只重视形式，而忽视使用的舒适性，如缺乏可以乘凉的树荫、可以休息的座椅等。在设计中，应注重提高空间的舒适度。主要的设计手法包括：结合步行线路的设置，栽植乔木以提供树阴；增加有顶棚的步行空间，减少恶劣天气对户外活动的影响；结合人流密度，每隔 20m 设置座椅；铺地做防滑处理，竖向高差尽量处理成缓坡；消除安全隐患，如疏导周边道路交通，采取限速措施，并在公共空间使用的高峰时段禁止车辆通行等。

其二，功能的多样性。社区公共活动空间功能的多样性意味着其能够为居民提供丰富的服务，这就需要有一定数量、品质良好的配套设施。而一些公共活动空间中的配套设施往往存在设备陈旧老化、数量不足、设计不当等问题，如缺失无障碍设施的设计，健身器材破损、没有更换等。在设计中，要合理布置商业和服务设施。主要设计手法包括：在老年人健身场地与儿童游戏场地周边，可考虑布置自助售货机，方便儿童的看护与老年人的交往；在节假日或晚上，组织露天电影、游园活动等，既营造了社区文化氛围，又增强了公共空间的归属性；完善无障碍设施，保障盲道、坡道连续、完整。

其三，优美的环境。优美的环境既能为居民提供良好的居住品质，又能为居民的社区行为作出潜在引导。但一些公共活动空间的绿化、铺地、观景小品等杂乱布置，缺乏美感，还存在一些混乱的电力、电信设施。在设计中，应营造高品质的生活环境。主要设计手法包括：合理确定周边建筑的体量，确保空间宽度与周边建筑高度 D/H 的比值控制在 1~2；注重景观元素要与公共空间的服务功能及其使用人群和谐友好，做好铺地的材质、色彩，植物的空间层次、树种以及景观小品的造型等的搭配，使得这些景观元素能够与空间的整体风格相得益彰。

3.3.2.3 实施

精细化的设计只是提升社区公共活动空间品质的基础，关键还需要后续的实施与管理。

首先，发挥规划的引领统筹作用。牢牢坚持以人为本的价值理念，系统梳理社区商业活动空间、社区游憩活动空间、社区教育活动空间、社区服务活动空间，形成多层次、体系化的规划内容。

其次，建立常态化使用反馈机制。提升社区公共活动空间品质是一个动态过程，相比于建设过程，管理运行更加关键，不仅要协调各级政府、部门的资金项目安排和管理事权，还要建立起规划、建设、管理相统筹、可持续的运维模式（匡晓明 等，2021）。

再次，建立多方参与的工作机制。各级政府部门需要在社区公共活动空间实施过程中提供协助和监督，降低“支配”程度，要对其他参与主体进行赋权；设计团队要发挥“中介”的作用，搭建好政府与居民之间的桥梁，使居民的诉求能够得到支持与满足；居委会等社区管理组织应鼓励社区居民参与社区公共活动空间的设计与管理，培养居民的自组织能力（沈娉 等，2019）。

3.3.2.4 重点空间的规划策略

（1）适老型公共活动空间特征

对于老人而言，由于身体各项机能处于衰退状态，身体行为控制力也逐渐下降，他们更加追求公共活动空间的环境安全性。户外的公共活动空间应避开地势较高或者坡度过陡的区域，可增加休息空间和休憩设施、应急抢救设施。从其心理需求考虑，老龄群体大多处于退休状态，闲散时间较多，陪伴互动和保健的需求增加，可以考虑增设户外的健身场地、广场舞场地以及室内的活动室、棋牌室等（图3–13、图3–14）。同时，基于我国国情和家庭相处的分工模式，老人多与幼龄儿童相伴出行或相互陪伴，可以考虑将老年人活动设施与儿童游乐设施相邻设置。

（2）儿童友好型公共活动空间特征

处于不同年龄阶段的儿童，所参与的活动类型和需求有所不同。幼儿期的儿童户外交往活动是在成人的保护下进

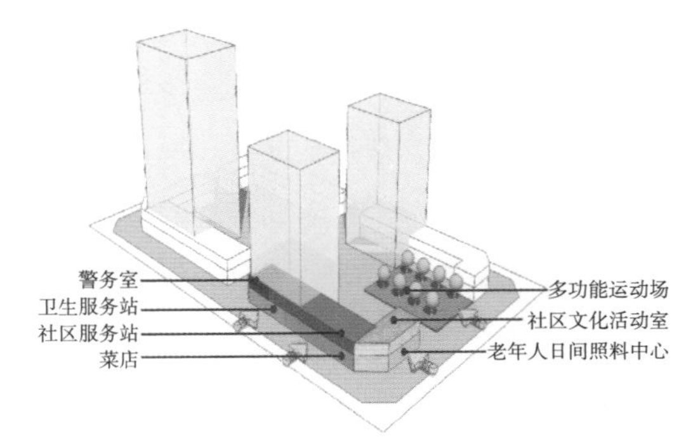

图3–13 重庆市社区综合服务中心功能组合示意图

图3–14 重庆市华福巷微空间改造照片

行的，平坦的草地、塑胶活动场和室内游戏室较为适合。学龄前儿童对环境的安全和幼儿玩乐设施要求较高，这一阶段的儿童活动交往主要依靠成人的视线监护，因此需要选择视线开阔的场地来保障儿童的人身安全，并且看护人的交流活动设施也需要配套考虑。学龄期的儿童是较为活泼的年龄群体，活动类型更加多样化，活动范围扩大，户外的公共活动空间设置除了考虑必要的安全因素外，可以适当增加游乐空间。

3.3.3 一些新的技术与实践

3.3.3.1 北京市朝阳区劲松小区的社区公园

北京市朝阳区劲松小区建于2000年前，是北京市典型的城市既有社区，在更新改造之前，社区空间破碎、人文空间失落、缺少物业管理，居民因此也缺少归属感，社区离心化问题严重。社区改造对居民意愿充分重视，通过对居民需求和现实供应缺口的梳理，进行了空间场地的有效盘活和场所营造，增强了社区空间的场所感，使劲松社区的空间活力得到较大提升，也增加了居民的满意度和归属感。

例如，劲松园作为小区重要的公共空间节点，其改造中在对其规模和居民需求进行梳理的基础上，将功能区域进行了合理划分和融合，分为居民棋牌区、幼儿游玩区、慢行健身区、居民活动区。通过对劲松园的合理功能分区，如老龄群体和低龄群体的功能分区毗邻，使不同年龄的群体能够相互陪伴，使场地空间的效用最大化。同时，在每个功能区域的具体设施设置上，也通过精细化设计，使设施的吸引力、服务能力以及居民的满意度最大化。老年人活动区域主要设置了大量的棋牌桌，满足其文娱需求，并设置了一定规模的活动场地，满足其多功能健身的需求；儿童活动区域主要设置有趣的多功能活动设施，迎合儿童探索的特性，激发儿童的游玩兴趣；慢行健身区设置了环形慢行步道，满足居民快走、慢跑等健身需求，并在步道旁设置路边休憩座椅等，保障居民随时随地都可以休息（陈凤，2021）。

3.3.3.2 上海市浦东新区昌五小区的口袋公园

昌五小区位于上海市周家渡街道，世博园区南侧，北以浦里西路为界，西以南码头路为界，东南以杨高南路为界，建于20世纪90年代，是一处高密度的居住小区。2018年的拆违整治项目中将南码头路东侧喧闹杂乱的商业店铺拆除清理，在昌五小区的边界处留下了一段长逾350m的圆弧形围墙绿地，面对城市形成了一道单调、冗长的界面，而在小区内部也留下数段荒芜、封闭的杂草丛生之地。如何重塑这道城市边界，激活街道生活，成为该整治项目的迫切议题。

考虑昌五小区内部并不宽裕的楼间绿地大多用于解决停车问题，没有为社区公共活动留下空间，居民日常休闲几乎无处可去。社区围墙的重修为小区公共环境的修复与改善提供了一个契机。借鉴苏州园林面对城市界面的处理手法，改造设计中首先确立了折线形的游园路径。根据沿街住宅楼的排列、围墙内外的树木和街道功能，游廊的走向相应地内外凹凸，不仅与小区内部的环境形成呼应，扩展视野，同时也为街道提供了拓展性的口袋空间，使得这道围墙园林成为内部社区居民和外部街道步行者都能获得参与感的中心性场所空间。这个口袋公园在设计过程中，还考虑满足居民日常生活所需的节点空间，包括为买菜回家的居民提供休息的敞廊，为小区入口提供的缓冲地带，为放学儿童提供读书的庭院，以及为老年人相聚聊天提供的街头会客厅。

3.3.3.3 重庆市结合小微空间开展“社区规划艺术节”

重庆市为了深入贯彻习近平总书记“人民城市人民建，人民城市为人民”重要理念，落实市委、市政府关于深入实施城市更新行动的工作要求，推动规划工作扎根基层、走进社区、服务群众，在重庆市规划和自然资源局的倡议下，全市首批社区规划师以公益形式策划了“山水之城·美丽之地”场景营城行动之社区规划艺术节系列活动。2021 年 12 月，在中心城区的 6 个社区轮番上演了一系列精彩活动。活动关注百姓身边的小微公共空间，开展多处小微公共空间设计方案征集，努力将社区建设成为人与人紧密相连的地方。设计人员从周边居民实际需求出发，提交了多视角、多亮点的创意设计。艺术节活动聚焦社区小微空间，以社区小微空间为展场，策划一系列规划和行动，通过“艺术融入社区场景”“展览与营造相结合”“社区规划师策展 + 社区居民共创”等方式，以美为媒，让艺术浸入城市、融入生活，提升社区居民身边的空间品质，增加人和人之间的交流和联结，共同营造有爱、有温度的社区和城市。为推动社区规划师之间的相互交流和学习，还组织策划了社区规划师专刊——《城事社计》，展示社区规划师工作成果，以“诉说社区故事，献计社区发展”为主题，助力社区特色文化的形成（图 3–15）。

下面以重庆市渝北区龙溪街道四个社区为例进行介绍。龙溪街道金龙路社区、武陵路社区、松树桥社区、李家花园社区基本为 20 世纪 80 年代末建设，用地较平整，建筑密度较高，居住人口为 3.62 万，其中 60 岁以上人口占比约 17%。目前社区面临的主要问题有：社区公共服务设施缺乏或规模不足，如缺失老年人日间照料中心、卫生服务站等；老旧居住建筑质量较差，6 层以上建筑大多无电梯，危旧房亟待改造；交通拥堵，电路、下水道、消防等设施亟待改造，停车位不足；主要建筑风貌较差；居民自组织水平不足，居民配合度差，希望拆迁，对改造工作态度消极，经费筹集困难（图 3–16）。

在具体项目实践中，规划师针对社区存在的问题，从提升公共空间环境品质的角度提出以下三点建议：一是拓展公共空间，结合棚户区改造、功能转换等项目，大力实

图 3-15 《城事社计》专刊图片
（图片来源：重庆市社区规划师试点工作汇报稿）

图 3-16　重庆市龙溪街道社区现状照片

施城市空间重构，增加城市广场、公园绿地、街道空间，满足城市生活和公共活动需要；二是环境景观美化，恢复和修整被侵占的公共活动空间，提升现有公共空间品质，提升空间活力；三是强化公共空间游憩功能，布置交通设施、街道设施、城市家具和绿色空间，增加步行活动空间，形成若干个靠近老百姓日常生活、方便老百姓日常感知的可扩展、开放式的微场景（图 3-17）。

图 3-17　花卉园公共空间规划示意图

3.4 如何提升社区公共设施人性化

3.4.1 社区公用工程设施人性化

3.4.1.1 什么是社区公用工程设施人性化

社区公用工程设施低碳化，是遵循低能耗、低污染、低排放原则，对社区市政公用工程设施进行系统性优化。

3.4.1.2 社区公用工程设施人性化需求

社区公用工程设施人性化重点关注四点需求：一是服务功能需求，水、电、气、信、污、废的服务功能是社区公用工程设施规划最基础、最重要的需求；二是安全韧性需求，安全可靠、韧性抗压是社区公用工程设施规划最首要的需求；三是低能耗、低污染、低排放需求，节能、无害、环保是社区公用工程设施规划的核心所在；四是亲和舒适需求，社区公用工程设施规划不仅要满足居民的使用需求，充分达成居民的意愿，还要使其在使用中能获得亲和、自在的舒适感。

3.4.2 规划的主要内容，解决的主要问题

社区公用工程设施人性化规划主要包括能源、水循环、垃圾分类收集与处理处置等内容，应遵循科学、合理、绿色、安全的理念，根据社区地形地貌、内外环境、用地空间、居民需求，重点关注和解决电力、燃气、供水、雨水、污水、环卫等社区公用工程设施的优化布局、集约配置、低碳建设、安全服务等问题。

3.4.2.1 如何实现电力设施人性化

社区电力人性化设施主要包括开闭所、公共配电室、充电设备。

开闭所的选址应远离人群集中活动场所，宜结合公共建筑、绿地、公用配套建筑设置，尽量减少用地面积，可结合地形进行地下或半地下建设，占地面积可控制在80~500m^2。

公共配电室的选址应靠近负荷中心，“小容量、多布点”。在负荷密度较高的社区宜采用户内型结构，可结合设备层、地下室、地下车库设置。10kV 公共配电室建筑面积可控制在 4~10m^2（箱式）、90~200m^2（地下）、100~180m^2（地上）。

社区居住、商业、商务、娱乐建筑配建的机动车停车场应建设不低于停车位总数 10% 的新能源汽车充电专用车位，其余部分应预留安装条件。非机动车停车场也应设置充电设备。

此外，社区人性化电力设施应选择与周围环境及景观相协调的建设形式；应有绝缘箱体进行隔离，并配置醒目的标识；应保证设施占地省、电力线路出线短；安

图 3-18　社区低碳化户外公共配电室

图 3-19　社区低碳化天然气调压站

装、运行与服务应采用绿色低碳新技术，减少对居民以及周边环境景观的负面影响（图 3-18）。

3.4.2.2　如何实现燃气设施人性化

社区人性化燃气设施主要包括中低压燃气调压站、燃气配气箱（柜）、汽车加气站。

中低压燃气调压站的选址应远离人群密集活动的场所，尽量减少用地面积，可结合地形进行地下、半地下建设，占地面积可控制在 200~500m^2。

燃气调压箱（柜）的选址应靠近负荷中心，在负荷密度较高的社区宜采用户内型结构，可结合设备层、地下室、地下车库设置，建筑面积可控制在 4~6m^2。

汽车加气站的选址应在城市中压燃气管道附近，且交通便利，以方便社区居民使用，占地面积可控制在 2500~8000m^2。

此外，社区人性化燃气设施应外形美观并与周边环境协调；设施用地省，管线距离短；应有醒目的标识；应满足安全防护要求，减少对居民及周边环境的负面影响（图 3-19、图 3-20）。

3.4.2.3　如何实现通信设施人性化

社区通信人性化设施主要包括小区电信接入机房、移动通信基站、固定通信设备间、有线电视光电转换间、邮政所、快递网点。

小区电信接入机房、移动通信基站的选址应综合覆盖范围、负荷密度、共建共享等因素设置，可结合其他建筑或设施合理布局，节约用地。小区电信接入机房建

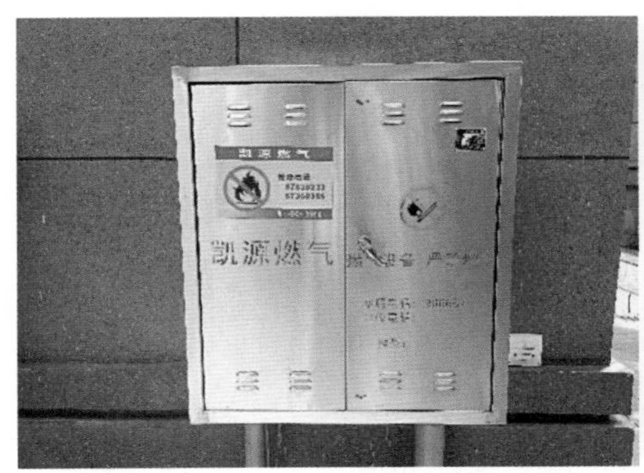

图3-20 社区低碳化天然气调压箱

筑面积可控制在 100~260m²；移动通信基站应避开幼儿园、医院等敏感场所，注重电磁辐射防护及景观风貌控制。

固定通信设备间、有线电视光电转换间的选址应方便居民通话、上网及收听电视、广播节目，可结合其他建筑或设施合理布局。固定通信设备间、有线电视光电转换间建筑面积可控制在 10~15m²、4~6m²。

邮政所、快递网点选址在交通方便、周边配套设施良好、生活便利且环境相对安静的区域，以满足邮寄、接发信件和快件等需求；应结合其他建筑或设施合理布局，尽量集约节约用地。

社区人性化通信设施应有明显标识，满足电磁辐射防护标准。通信管道路由的选择应考虑用户集中，路径短捷，有利于发展用户，且出线短、电磁影响小，并与周边环境协调（图 3-21、图 3-22）。

3.4.2.4 如何实现供水设施人性化

社区供水低碳化设施主要包括加压泵站、水量调节池、消火栓。

社区级加压泵站应选址在配水管网水压较低处，并靠近供水集中区域，占地面积按 2750~4000m² 控制。高层建筑泵站可结合地下室、地下车库、高层建筑设备层、屋顶设备间等进行布局，建筑面积按 190~300m² 控制，设有水量调节池时可适当增加面积。

消火栓应沿道路设置，间距不大于 120m，并应结合道路和供水管网同步建设。高层建筑、市场、配套设施及其他重要建（构）筑物等，应设置专用室外消火栓。

此外，社区人性化供水设施应为居民生活、消防等合用系统，满足社区水量、水质、水压及消防供水的要求。消防供水设施应严格按照国家规范，有醒目的标识。供水管线规划应结合道路和地形合理布局，保证管线距离短、施工开挖少（图 3-23、图 3-24）。

图 3-21　社区低碳化通信基站

图3-22　社区邮政快递设施

图3-23　社区级水泵站

3.4.2.5 如何实现雨水设施人性化[①]

社区雨水人性化设施主要包括雨水收集、渗透、贮存、净化、利用设施，即立体绿化、透水地面、下凹绿地、雨水花园、调蓄净化回用池等设施。

立体绿化需要充分利用社区地形条件，选择攀缘植物及其他植物栽植并依附或者铺贴于各种构筑物及其他空间结构上，例如立交桥、建筑墙面、坡面、河道堤岸、屋顶、门庭、花架、棚架、阳台、廊、柱、栅栏、枯树及各种假山与建筑设施上的立体绿化（图 3–25）。

透水地面可选址在社区路面、地面，可为透水砖、透水混凝土、透水沥青混凝土和植草砖铺装，以及园林中的鹅卵石、碎石铺装等（图 3–26）。

下凹绿地既可设在建筑物、道路、广场等不透水地面周边，用于收集、蓄渗小面积雨水，也可设在公园、防护绿地内；应低于周边地面标高，积蓄、下渗自身和周边雨水径流（图 3–27）。

图3–24 社区消防供水设施

图3–25 社区立体绿化设施

① 项目资助：重庆市自然科学基金面上项目（CSTB2023NSCQ–MSX0883）资助。

图 3-26　社区透水地面

图3-27　社区下凹式绿地

图3-28　社区雨水花园

雨水花园应根据社区地形、绿地、水系进行合理布局，可建在社区低洼地区，以削减洪峰流量、合理处理雨水（图 3–28）。

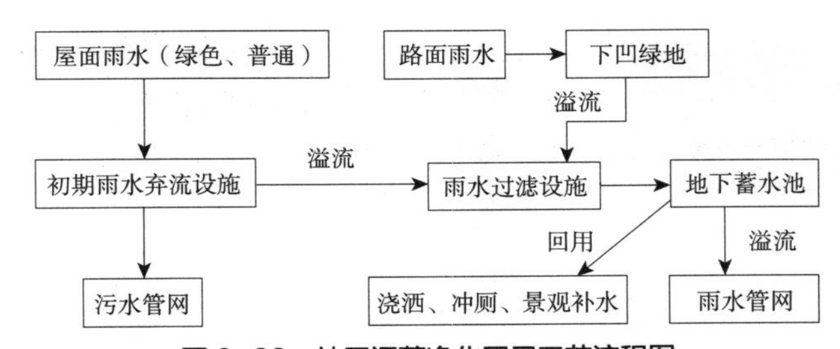

图 3-29　社区调蓄净化回用工艺流程图

（资料来源：《重庆市主城区海绵城市专项规划》）

调蓄净化回用池应充分利用社区洼地、池塘、湖泊合理布局，主要对社区雨水进行收集、调蓄、净化，最终用于社区道路浇洒、绿地喷淋、杂用等（图 3-29）。

3.4.2.6　如何实现污水设施人性化

社区污水人性化设施主要包括化粪池、污水泵站、再生水设施。

化粪池应设在建筑排水接户管下端、小区和组团下风向、便于机动车清掏的位置，深度不得小于 1.3m，宽度不得小于 0.75m，长度不得小于 1m。

污水泵站应设在地势低洼、污水不能自流排入城市排水管道的地方；用地规模根据流量确定，不超过 800m^2；应与居住、公共设施建筑保持必要的卫生防护距离，站区周围应设置宽度不小于 20m 的绿化地带；污水管线应距离短、开挖少、对居民和周边环境影响小。

再生水设施应结合社区建筑独立设置，也可多个建筑物共同设置再生水回用设施。建筑物内的中水处理站宜设在建筑物的最底层，或设在主要排水汇水管道的设备层；建筑小区中水处理站宜在建筑物外部独立设置，且与公共建筑和住宅的距离不宜小于 15m。宜采用原水污废分流、中水专供的完全分流系统，主要用于冲厕、绿化、道路及广场浇洒、车库地面冲洗、车辆冲洗。

3.4.2.7　如何实现环卫设施人性化

社区环卫人性化设施主要包括生活垃圾分类、回用、收集点及生活垃圾转运站，保障生活垃圾得到妥善、安全的分类、收集、转运、处置。

生活垃圾分类、回用、收集点可结合社区绿地、公共空间、开敞空间、地下室、地下车库等进行布局，用地面积不宜大于 5m^2。

生活垃圾转运站可结合地下室、地下车库等进行布局，宜靠近社区服务区域中心或生活垃圾产量多的地方，不宜设在公共设施集中区域或靠近人流、车流集中地区，用地面积可按 200~3000m^2 控制。

社区人性化环卫设施应有醒目的标识。社区级生活垃圾转运站与周边建筑应满足安全防护要求，与相邻建筑间距不小于 10m，绿化隔离带宽度不小于 5m；应方便环卫

图3-30　社区垃圾分类与回收设施

图3-31　社区垃圾收集与转运设施

车辆出入，便于环卫工人作业管理；设施外形美观，与周边环境协调，减少对居民及周边环境、景观的负面影响（图3-30、图3-31）。

3.4.3　一些新的技术与实践

目前，关于生态化、绿色化、低碳化、人性化社区市政公用工程设施规划的研究文献、规划案例十分有限。深圳市后海社区规划案例独树一帜，围绕“如何精细化配置社区市政设施”“如何创新社区市政管线规划”“如何提升社区市政规划管理成效”三个问题，提出规划方法和策略。

3.4.3.1　探索低碳化、生态化、精细化、人性化技术

遵循新型城市规划理念，探索新形势下的社区规划，协调与传统公用工程设施规划之间的矛盾，提出公用工程设施规划低碳化、生态化、精细化、人性化的理念。

3.4.3.2　保障市政设施配置充分、大小齐全、可靠安全

（1）分类平衡负荷需求，拓展社区研究范围

后海社区规划总用地面积2.6km^2，根据不同的市政设施服务范围，进行公用工程

设施规划的片区外大范围平衡和片区内就地平衡。

片区外大范围平衡设施包括 110kv 以上等级变电站、通信机楼、天然气储配站、城市水厂、污水处理厂、垃圾处置中心。

片区内就地平衡设施包括开关站、天然气调压站、通信机房、通信基站、提升泵站、垃圾转运站。

（2）大型市政设施配置“保障充分、适度超前”

合理配置 110kv 以上等级变电站、通信机楼、邮政支局、天然气储配站、水厂、污水处理厂、垃圾处置中心，实现片区各类市政供应“保障充分、适度超前”。

（3）小型市政设施配置“突破传统、敢于创新”

开关站、天然气调压站、通信机房、通信基站、提升泵站、垃圾转运站设置勇于突破传统，先行先试，创新模式，预留充足的设备空间。

3.4.3.3 合理构建管线通道体系，给社区管线规划做“减法”

依据社区用地功能、路网结构、市政管网需求、地下空间，构建主干、次干和辅助三级市政管线通道体系，在保证社区每一地块至少有两个市政管线接入方向的前提下，有选择性地做“瘦身”，减小管线密度，集约利用地下空间。

（1）主干市政通道

主干市政通道布置在主、次干路上，敷设市政主干管。管线种类齐全，管径大，埋深大，承担与区域外的市政管网系统连通并为本片区提供市政支撑的功能。

（2）次干市政通道

次干市政通道布置于市政控制单元内部的次干路或部分支路上，敷设市政次干管。管线种类齐全，管径较大，埋深较大，承担与主干市政通道共同满足各地块的市政接线需求的功能。

（3）辅助市政通道

辅助市政通道布置在主、次干市政通道以外的支路上，不承担地块接线的功能，敷设消防、给水、雨水、电力管线的支管，埋深较小，主要满足道路路面雨水排放、照明以及消防供水等需求。

3.4.3.4 精细化预控管线空间，明确管线接线指引

（1）预控管线空间

结合社区地下空间开发，提出地下管线空间预控需求。

主干市政通道空间预控：无条件满足市政管线埋深需求。主干市政通道的空间预控为道路下 4.5~7.5m。

次干市政通道空间预控：优先满足市政管线埋深需求，同时充分考虑地下空间的

开发需求。次干市政通道的空间预控为道路下 2.5~3.0m。

辅助市政通道空间预控：以协调市政管线埋设和地下空间开发需求为主，确定辅助市政通道的空间预控为道路下 2.0m。

（2）明确管控事项

明确管控事项在规划审批管理层面提出，方便规划审批管理人员在地下空间开发利用审批时使用，进一步做到社区精细规划。

（3）指引管线接线

结合社区地下空间开发和市政管线规划，提出各地块市政管线接线指引规划，合理表达社区管线的接线方向、管径、重力管线的接入标高。

3.4.3.5 明确社区市政设施配建要求

基于“小尺度街区”“零退线”“集约地下空间开发”理念，提出社区市政规划的精细化方案，明确社区市政设施的配建要求，将传统市政规划不断推向精细化、人性化。

结　语

社区规划作为一种推动社区建设和发展的技术工具，有利于收集和表达社区发展意愿，形成社区发展共识，能够满足社区居民参与社区成长和治理，实现自我价值的高阶诉求，提高社区自然资本和社会资本的整体效能水平，是新时代城市既有社区实现高品质生活所不可或缺的举措。社区规划编制也是一种行动。社区规划编制是营造人与人联结的社区场景的过程，促进社区居民的相互交往与交流。社区规划既有专项整治规划又有具体项目的规划设计等多种形式，可根据不同的投资规模和力度进行安排，关键是需要社区居民的深度参与。作为倡导性规划，社区规划编制工作应在地方街（镇）政府引导下，由社区居委会组织进行。规划内容若有涉及全体居民利益的重要问题，居民委员会应根据《中华人民共和国城市居民委员会组织法》的有关程序要求提请由每个居民小组选举代表二至三人参加的居民会议讨论，并作出决定。涉及空间物权的增减变更等事项，需要自然资源规划、建设和市政管理等行政主管部门许可的项目，仍然应该按照有关规定进行许可管理。

附录 1　重庆市城市社区规划编制导则（试行）

前　言

本文件为推荐性技术指导文件。

本文件按照 GB/T 1.1—2020《标准化工作导则 第一部分：标准化文件的结构和起草规则》制定的规则起草。

本文件由重庆市规划设计研究院提出。

本文件由重庆市规划和自然资源局归口。

本文件起草单位：重庆市规划设计研究院、重庆大学建筑城规学院

本文件主要起草人：孟　庆　黄　瓴　刘亚丽　辜　元
莫宣艳　李　静　曹春霞　王　梅
李希越　董海峰　林　森　陈　敏

本文件审查人：廖正福　余　颖　肖泽敏　姜　洋
舒沐晖　傅　彦　樊海鸥　陈晓露

引　言

为进一步推进我市规划编制与管理的科学化、规范化和法治化，总结和梳理社区规划试点经验，为我市社区规划编制工作提供指导，特编制本导则。项目组以社区规划实践为基础，认真总结国内外经验，依据国家相关法律法规、技术规范，在广泛征求规划设计、科研和管理等领域专家意见的基础上，结合重庆市实际，制定本导则。

本导则由重庆市规划和自然资源局主管，由重庆市规划设计研究院负责具体技术内容的解释。实施过程中如有意见或建议，请寄送给本导则主编单位重庆市规划设计研究院《重庆市城市社区规划编制导则（试行）》编制组（地址：重庆市渝北区银桦路66号规划测绘创新基地3号楼12楼城乡发展战略研究所；邮编：401147；邮箱：264889579@qq.com）。

1　范围

本文件规范了城市社区规划编制中的现状分析要求，明确了社区规划编制内容、成果格式要求。

本文件主要适用于重庆市辖区范围内需要整治提升的城市既有社区规划编制。

2　规范性引用文件

下列标准对于本文件的应用是必不可少的。凡是注日期的引用标准，仅所注日期的版本适用于本文件。凡是不标注日期的引用标准，其最新版本（包括所有的修改版）适用于本导则。

GB 50137《城市用地分类与规划建设用地标准》

建标167《城市社区服务站建设标准》

发改办气候〔2015〕362号《低碳社区试点建设指南》

3　术语和定义

3.1　城市社区（City community）

城市社区是指聚居在一定的城市地域范围内的人们所组成的生活共同体，其范围一般与城市居民委员会的管理范围一致，也可与居住小区的范围相对应。本导则中城市社区的构成要素包括地域、人口、组织机构、认同感等。

3.2　社区规划（Community planning）

社区规划是对一定时期内城市社区发展目标、实现手段以及人力资源的总体部署和全面的发展计划，以有效地利用社区资源，合理配置城乡居民点及其配套设施，保持良好的生态环境，促进社区开发与建设，提升城市社区品质。

3.3 社区服务设施（Community service facilities）

“社区服务设施”是指《城市用地分类与规划建设用地标准》（GB 50137—2011）中“服务设施用地”（R12/R22/R32）对应的设施，包括居住小区及小区级以下的托幼、文化、体育、商业、卫生服务、养老助残设施、社区管理设施、市政公用设施。

3.4 社区治理（Community governance）

社区治理是指社区范围内的政府和非政府组织机构，依据正式的法律、法规以及非正式的社区规范、公约、约定等，通过协商谈判、协调互动、协同行动等对涉及社区共同利益的公共事务进行有效管理，从而增强社区凝聚力，推进社区发展进步的过程。

4 总则

4.0.1 社区规划编制应坚持政府引导、社区居民为主体的原则。社区规划编制应以服务社区发展为目标，以清理和动员社区资源、凝聚社区发展共识为主要手段，为社区建设和发展提供规划指引和蓝图。

4.0.2 社区规划应体现地方特色，坚持因地制宜的原则，尊重既有社区的社会结构和空间形态，保护有特色文化传统的建成环境。

4.0.3 社区规划应坚持以人为本的原则，营造人性化空间环境，满足社区老年人、残障人士和儿童对社区公共空间发展的特殊需求，为社区居民提供安全舒适的公共活动空间。

4.0.4 社区规划应坚持完善服务设施功能，坚持缺什么补什么的原则，提升居民社会融入度和社区参与度，致力于提升社区居民的安全感和幸福感。

5 社区现状分析

5.1 现状分析的内容

5.1.1 现状分析包括社区发展条件和社区发展诉求两方面内容。

5.1.2 社区发展条件分析包括基础资料收集、现状调研和发展条件评估三个方面的工作。

5.1.3 社区发展诉求分析内容包括社区居民、管理部门、社会团体（含驻社区单位）等社区成员的诉求。

5.2　现状分析的要求

5.2.1　社区发展条件分析要求如下：

对社区边界、地形资料、人口结构和社会经济状况、土地使用情况、土地权属、社区存量土地和房产情况、建筑质量情况、建筑利用情况、历史文物资源状况、社区所在区域发展计划、相关空间规划和发展规划等基础资料进行整理。

对公共服务设施、交通及市政基础设施、公共空间和景观环境、公共安全、居民出行和交往模式、民间社团、非物质文化遗产、社区管理和服务现状进行调研。

对社区发展态势、空间资源进行研究和综合评价，梳理现状问题，判断社区发展主要矛盾、优劣势，分析发展潜能，提出解决措施。

5.2.2　社区发展诉求分析要求如下：

应汇集社区居民、相关管理部门、社区团体三个方面的发展诉求，分析社区面临的主要问题及其原因，确定规划重点，提出措施建议。

应遵循真实性、全面性、客观性的原则。

应动员社区公众积极参与，保证调查分析工作客观、公正、全面，充分反映调查对象的真实意愿。

应贯穿社区规划的全过程，针对不同社会阶层采取不同方式进行调查和分析。

6　社区分类及中心布点规划

6.1　社区分类

6.1.1　按照社区开发建设情况、生活方式特点和建设情况等因素，城市社区可划分为城市既有社区和城市新建社区两种发展类型。

6.1.2　城市既有社区按照其居民构成和建筑性质，可分为街坊型、小区型、单位型、混合型社区等类型（参见附录E：城市既有社区分类发展建议），分类指导主题社区建设。

6.2　社区划分及社区中心布点规划的内容

6.2.1　开展社区规划编制前，宜以街道管理范围为基础，优化和明确规划社区划分范围，开展社区综合服务中心布点规划。

6.2.2　城市社区划分及社区综合服务中心布点规划的内容包括：

结合用地功能、土地权属、规划道路、自然山水边界和方便管理等因素，提出社区边界划分的规划完善意见。

结合对社区人口特征、用地功能特征、经济特征、社会特征等的分析，明确各城市社区的类型，并提出相应的指导意见。

提出社区综合服务中心的布局和规模。

7 社区发展目标

7.0.1 立足社区资源条件和居民需求，分析社区发展潜力，预测社区发展趋势，提出社区治理目标，明确社区发展特色。

7.0.2 计划开展“低碳化”“智能化”改造或其他专项工作试点的社区，还应按试点要求制定相应的发展指标（参见附录F：城市既有社区低碳试点指标表）。

7.0.3 社区发展目标宜强调通过智慧社区建设推动信息化，提高社区居民生活品质。

8 社区服务设施规划

8.1 社区服务设施分类

8.1.1 社区服务设施按功能分为公益性服务设施和经营性服务设施两类。

8.1.2 公益性服务设施

不以营利为目的，由政府通过多种途径向公众提供基本而有保障的教育、医疗、文体、养老、托育设施、菜店（平价超市）、市政公用、环境卫生、绿化等服务设施。

8.1.3 经营性服务设施

以营利为目的，由市场或社会团体投资实施，向公众提供可由市场调节的教育、医疗、文体、养老、商业、金融等服务设施。

8.2 社区服务设施规划内容

8.2.1 应按照相关标准，确定各类社区级公益性服务设施布局，保护好各类历史文化资源，明确保留设施、更新设施、新增设施的名称、位置、规模等。应鼓励合理利用存量、闲置土地或房产资源用于社区公益性服务设施建设。

8.2.2 结合发展条件提出社区经营性服务设施的规划布局意见，其中可包括社区物流配送点、餐饮点等便民设施，引导社区合理业态的形成。

8.2.3 有条件形成社区综合服务中心的社区，应规划布局社区综合服务中心，并引导经营性服务设施与综合服务中心相对集中布局，形成 10 分钟社区生活服务圈。

8.2.4　暂无条件形成社区综合服务中心的社区，应引导社区公益性服务功能相对集中于较大的社区管理和服务设施用房内或在其周边区域布点，完善其功能布局。

9　社区环境整治规划

9.1　社区环境的构成

9.1.1　社区环境可由社区生态环境和公共活动空间环境两部分构成。

9.1.2　社区生态环境包括自然环境、人工绿化环境等。

9.1.3　公共活动空间环境包括广场、多功能运动场等。

9.2　社区生态环境整治规划内容

9.2.1　整治目标

保护自然环境，维护人工环境，构建绿色生态社区，为居民提供宜居的生活环境。

9.2.2　规划内容

保护现有社区自然环境，明确需要保护的生态资源分布。构建适合本地气候特色的自然和人工生态系统，维护和巩固自然林地或湿地，使之与人工生态系统相协调。

培育社区人工绿化环境，优先栽植本地植物，强化乔、灌、草和水面相互结合，使景观绿化与自然生态系统有机协调。

规划建筑、道路附属绿地、小游园，构建“点、线、面”相互衔接的社区绿化空间，形成空间连续的绿化走廊。鼓励开展屋顶绿化和立体绿化，最大限度地提高绿地率。

9.3　社区公共活动空间整治规划内容

9.3.1　整治目标

以形成开放、便捷、舒适的公共空间为目标。在社区已有的资源基础上，规划构建尺度宜人的广场、公园、小游园、步行道和街道。

9.3.2　整治内容

结合社区综合服务中心、重要公共建筑、可利用的场地和新建、改建建筑的架空底层，布局不同主题的公共活动空间，设置儿童游戏场、健身器材等。鼓励有条件的中、小学和其他单位向所在社区提供分时共享的公共空间。

优化道路横断面设计，合理利用人行道，处理好人行、绿化和附属设施的分布关系。对人行空间、街头雕塑小品、铺地及其他附属设施提出改进建议。

围绕文化保护与发展目标，优化传统街巷空间，合理安排文化景观节点。对街巷的铺地、围墙、绿化、家具、照明、遮阳避雨设施等提出改进建议。布局便利的线性交通和交往空间，串联尽可能多的居住小区入口、绿地、社区服务设施。

结合各级城市设计的要求，对社区中不符合规划要求的建筑风貌提出整治要求。

10　社区交通设施整治规划

10.1　社区交通设施分类

10.1.1　社区交通设施分为停车、公共交通和步行三类设施。

10.1.2　停车设施指车辆的停放空间，包括因乘客上下或货物装卸的临时停放空间，以及公共停车场等。

10.1.3　公共交通设施指轨道交通线路及站点、公交线路、公交停车港和首末站、自行车线路及停放处等。

10.1.4　步行设施指人行道、地下通道、人行天桥、空中连廊、公共电梯及扶梯、公共开放空间等。

10.2　社区交通设施整治规划内容

10.2.1　结合上层次规划要求，合理确定整治目标，考虑社区居民的出行需求和交通流特征，梳理社区内部道路系统，改善社区交通微循环。提出打开封闭小区，形成社区道路网络的交通组织方案。以控制性详细规划为依据，明确相应的道路红线宽度、路幅分配方案，按照本社区的交通流向特征设置非机动车道。

10.2.2　梳理和优化社区内步行及非机动车交通空间，加强社区公共交通“最后1公里”无缝接驳系统的建设。为社区居民提供便捷的步行及非机动车空间。利用城市道路两侧的人行道、居住组团之间的线性空间，完善城市既有社区电梯改造点，构建步行与非机动车系统，串联社区重要公共空间节点。

10.2.3　合理组织社区车行交通，形成较高密度的支路和次干道，可提出机动车单向通行方案建议。

10.2.4　合理预测社区停车需求，按照相关规范要求，结合重要公共设施节点、轨道交通站点及各种可利用空间，规划布局公共停车场（库）。宜注重采用有利于节约集约用地的停车场建设技术。

10.2.5　建立社区停车管理系统及交通诱导系统，鼓励单位、私人停车位的分时共享。

10.2.6　统筹规划充电桩、充电站等新能源汽车配套设施。

10.2.7　可在社区人流集散点设置拼车搭乘点，并做好标识引导。

10.2.8　应规划完善的社区无障碍设施，提出道路指示牌、人行横道线、减速标志、信号灯设置和道路照明等方面的布点建议。

11　社区市政公用设施整治规划

11.1　社区市政公用设施分类

11.1.1　社区市政公用设施分为能源、水循环、垃圾收集处理三类设施。

11.2　社区能源设施整治规划内容

11.2.1　整治目标

结合周边市政、资源条件，按照常规能源高效利用、可再生能源优先选择的原则，提出风能、太阳能、生物质能等可再生能源的利用方案，构建清洁、安全、高效、可持续的能源供应系统和服务体系。

11.2.2　整治内容

落实城市总体规划、分区规划、其他专项规划对能源基础设施的布局和要求，衔接社区周边能源设施，优化能源结构，提高利用效率。

在有再生资源可资利用的区域，配置太阳能路灯、风光互补路灯。利用可再生能源进行集中供冷。构建智能微电网系统，建设节能型社区。

11.3　社区水循环利用设施整治规划内容

11.3.1　整治目标

结合社区内外水资源条件，按照市政供水节约高效利用、社区内水循环充分利用的原则，构建社区水循环利用系统。

11.3.2　整治内容

利用雨水、污水等市政供水以外的水资源，规划非传统水资源利用设施系统。

结合社区空间布局、雨水资源实际条件、道路走向、公园水体分布情况，合理采用透水铺装、下凹式渗水绿地、雨水花园、建筑雨水公用收集池和景观调蓄水池等方式，调蓄、滞留和利用雨水。

社区周边无市政再生水厂时，可规划布局社区污水的就地、就近处理和回用设施。

11.4 社区垃圾收集处理设施整治规划内容

11.4.1 整治目标

规划建设社区垃圾分类收集、分类运输、分类处理和综合利用系统，促进社区垃圾的减量化收集、资源化利用、无害化处理。

11.4.2 整治内容

强化垃圾分类教育，规划分类收集设施，促进纸类、玻璃、金属、塑料包装物等的回收利用。

规划宜考虑就地平衡消纳工程渣土的空间和设施。

规划垃圾收集与处理设施，满足社区生态环境保护、卫生和景观要求，减少其运行时产生的废气、废水、废渣等污染物。

12 近期整治规划

12.1 近期整治规划目标

12.1.1 遵循弹性、可实施、充分尊重居民意愿的原则，合理安排社区各类整治项目的近、中、远期的实施时序，实现统一规划、分期实施，逐步达成规划目标。

12.2 近期整治规划内容

12.2.1 通过社区居民、管理部门以及社会团体三方合作的方式，确定社区整治与实施项目，制定近期实施计划，明确实施项目的类型、整治内容、整治项目涉及的相关部门，提出整治项目资金筹措方案，方便组织开展具体项目的规划设计。

12.2.2 确定近期社区碳排放量减排目标。

12.2.3 确定近期新增、改造的社区服务设施特别是公益性服务设施的类别、位置、用地规模和建筑规模。

12.2.4 确定近期社区生态环境更新目标与措施、公共活动空间的安排和布局。

12.2.5 确定近期整治的社区交通设施，规划停车场地和制定停车库（楼）设计方案，提出道路交通及设施改善优化方案。

12.2.6 确定近期各项市政环卫设施的选址与建设规模。

12.2.7 提出社区既有建筑改造建议，涉及需要修改控制性详细规划内容的，应提出地块控制性详细规划修改前后对比方案。

对社区内的规划新建建筑，提出绿色建筑的排碳指标。

提出发挥居民在节能改造中自愿配合和监督作用的措施。

12.2.8　针对专业主管部门对基层社区网格化治理的空间划分需求，提出社区网格划分的规划建议。

13　社区参与

13.0.1　结合社区居民社会团体的发展诉求，组织社区居民委员会推荐和选择的社会公益组织召集人，参与社区规划的编制过程。

13.0.2　对各类社区组织的发展规模进行预测，规划公益活动公共活动空间，并纳入社区服务用房（中心）功能布局示意图中。

14　成果要求

14.1　规划说明书建议内容

14.1.1　前言

包括项目背景、简要过程、规划目标等内容。

14.1.2　基本情况与存在问题

包括社区概述、发展背景（项目背景）、人口与社会结构、土地利用与空间、社区组织与管理、社区产业与经济概况、社区节能建筑等。

14.1.3　社区发展诉求分析

包括社区发展相关政策规划重点方向、上位规划指引、政府职能部门、基层管理者诉求、社会团体诉求、原住居民诉求、外来人口诉求、梳理和对接情况。

14.1.4　社区分类和划分规划

包括街道或区级层面考虑的社区分类、规划街道和社区管理界线划分情况、社区综合服务中心布点规划说明。

14.1.5　规划目标与发展策略

包括目标定位、规划原则、发展策略（社会发展、行政管理、产业发展、旧改项目）。

14.1.6　社区发展指引

包括结合社区发展类型提出的分类发展指引。

14.1.7　社区服务设施规划

包括服务功能类型、内容及设施要求。

14.1.8　社区环境整治规划

包括社区生态环境、公共活动空间两方面整治要求，分别进行说明。

14.1.9　社区交通设施整治规划

包括社区路网结构优化、交通人流组织、交通设施配套、停车场建设等方面，分别进行说明。

14.1.10　社区市政公用设施整治规划

落实城市总体规划、分区规划、其他专项规划对社区及周边能源设施的布局和要求。明确社区可再生资源利用方式，合理布局太阳能光电、太阳能光热、水源热泵、生物质发电等可再生能源利用设施。

落实城市总体规划、分区规划、其他专项规划对社区及周边水循环设施的布局和要求。从街道、社区层面统筹规划布局雨水利用、污水回用等市政供水以外的涉水或供水设施，强化非常规水资源收集与利用。

落实城市总体规划、分区规划、其他专项规划对社区及周边环卫设施的布局和要求。明确社区生活垃圾分类、收集、转运的处置利用方式，合理布局垃圾收集、转运、处理设施。

14.1.11　行动计划与政策建议

对近期行动计划、政策建议进行说明。

14.2　图纸成果要求

14.2.1　社区现状分析图

区位分析图：标明规划区域的地理位置、占地面积、所属行政辖区及主要外部交通联系情况、周边区域重要市级、区级功能设施。

社区土地利用现状图：具体范围为社区管理范围边界线，在现状 1 ： 500 地形图上，标示出各类用地范围界线及主要企事业单位名称、现状道路。用地性质划分以中类为主，公共设施用地宜分至小类。

其他现状分析图：包括社区的服务设施、市政公用设施、交通设施、环卫设施、建筑使用情况、开敞空间、土地权属、历史文化资源分布等内容，必要时可分别绘制。

14.2.2　社区服务设施规划总图

在现状地形图上，标示出以下各类公共服务设施的面积与规划用地范围（若该设施不占地，应以符号的形式标注）。

行政办公设施：党政机关（含派出所）、社会团体、事业单位的办公用地、社区服务站。

服务中心：街道综合服务中心、社区综合服务中心。

文化设施和体育设施：分散布局的社区文化活动室、社区多功能运动场以及其他街道、区（县）级的文化体育设施。

教育科研设施：中学、九年一贯制学校、小学、特殊教育学校、幼儿园以及市级的教育科研设施。

医疗卫生设施：社区卫生服务站以及街道、区（县）级和其他医疗卫生设施。

社会福利设施：日间照料中心以及其他社会福利设施。

商业服务业设施：菜店（平价超市）、邮政支局、银行网点等。

历史文化保护和宗教场所等。

14.2.3　社区环境整治规划图

必要时可分别绘制，主要包括以下内容。

标明需保护的各类生态环境，如自然林地、湿地、水系等。

划定社区公共绿化体系，包括建筑、小区和道路的附属绿地，小游园和绿地，屋顶和立体绿化，可选择 1~2 处进行详细规划设计。

标明活动广场、社区公园、小游园的位置、用地范围，策划其主题与功能。有条件的情况下，可选择有代表性的 1~2 处活动场地进行具体项目的规划设计。

标明人行道空间的尺度、街道小品、铺地、植被，提出无障碍设施的设置要求。

标明环卫设施和应急避难场所及通道的位置。

14.2.4　社区交通设施整治规划图

必要时可分别绘制，主要包括以下内容。

标明公交线路与公交站、公交换乘枢纽、社会停车场（停车楼）、轨道交通线位及站场等城市交通设施的位置。

标示主干路、次干路和支路布局，落实道路红线与道路断面设计，明确道路系统交通组织流线。

标示步行与非机动车系统，标注其与机动车系统的主要衔接位置；标明主、次干路与支路之间的交叉口平面控制选型。

结合道路系统、步行与非机动车系统的组织，划定重要衔接位置的步行道标识，次、支道路减速带，对路边停车带划定停车位线。

提出社区治理网格划分建议方案。

14.2.5　社区环境整治重点区域详细规划图

在现状 1 ：500 地形图上，标示出整治单元边界和功能类型、用地布局和性质、道路等级、交通设施类型和位置、公共配套设施位置和类型、街道界面功能类型、景观系统和重要公共交往节点、重要更新整治的项目位置和功能，必要时可分别绘制。

14.2.6　社区服务用房（中心）功能布局示意图

布置社区服务用房的，在建筑内部布局图中表达功能布局和面积安排。房间功能布局宜根据社区服务用房条件合理布置，内容可包括社区党委会办公室、社区居民委员会办公室、平安和谐建设工作站、社区警务室、老年人活动室、残障人士康复室、信访调解室、社区便民服务中心等功能用房，以及根据社区居民特殊需求而需要布局的各种社区自治组织、兴趣爱好小组、技能交流组织的活动空间。部分功能用房可合并设置。

14.2.7　社区市政公用设施整治规划示意图

在现状 1 ：500 地形图上，标示出社区外部市政能源基础设施位置走向，社区内部能源基础设施类型、位置、占地、规模，相关配套管线走向、布局、规模；标示出社区外部市政给水排水设施位置走向及衔接的设施去向，社区内部公园、水体、蓄水池等雨水利用设施以及污水回用设施位置、占地、规模，相关配套管线走向、布局、规模。应在社区公用设施规划图中明确标示其布局、占地和面积要求，宜达到具体项目的规划设计总平面布置图的深度，必要时可分别绘制。

14.2.8　地块控制性详细规划修改对比图

为保证社区规划的顺利实施，需要对控制性详细规划进行报批修改的地块，应编制地块控制性详细规划修改对比图。在现状 1 ： 500 地形图上，标示控制性详细规划主要地块修改前后的分图对比图，包括发生变化的地块用地类型、地块编号、界线，并以表格方式表述修改前后的地块主要控制指标和控制要求。标注被替代和失去效力的分图图则的编制时间和编号。

14.3　附表建议

14.3.1　社区近期整治项目参考表

序号	类型	项目名称	项目规模	整治策略	可利用的资源	建设时间	投资估算（万元）	备注
1								
2								
3								
	合计							

14.3.2 社区服务设施汇总表（示例）

序号	项目	用地代码		数量（个）	位置	设置要求
		《城市用地分类与规划建设用地标准》（GB 50137—2011）	《自然资源部办公厅关于印发〈国土空间调查、规划、用途管制用地用海分类指南（试行）〉的通知》（自然资办发〔2020〕51号）			
1	幼儿园	R12/R22/R32	080404			
	小学	A33	080403			
	中学（初中、高中、高完中）	A33	080403			
	九年一贯制学校	A33	080403			
	特殊教育学校	A34	080405			
2	社区卫生服务站	R12/R22/R32	080602			
3	社区文化活动室	R12/R22/R32	0702			
	社区多功能运动场	R12/R22/R32	0702			
	儿童游戏场	R12/R22/R32	0702			
4	社区服务站	R12/R22/R32	0702			
	治安室	R12/R22/R32	0702			
5	老年人日间照料中心（托老所）	R12/R22/R32	0702			
	养老院	A6	0702/080701			
6	文物保护单位	A7	1504			
7	菜店	R12/R22/R32	0702			
	理发店	R12/R22/R32	0702			
	修理店	R12/R22/R32	0702			
	洗衣店	R12/R22/R32	0702			
	邮电所	R12/R22/R32	090105			
	银行网点	R12/R22/R32	090105			
8	燃气调压站	u13	1304			
	给水泵站	u11	1301			
	变电站	U12	1303			
	开闭所	U12	1303			
	污水泵站	U21	1302			
	雨水泵站	U21	1302			
	垃圾收集点	R22	1309			
	垃圾转运站	U22	1309			
	公厕	U22/ R22	1309			

续表

序号	项目	用地代码		数量（个）	位置	设置要求
		《城市用地分类与规划建设用地标准》（GB 50137—2011）	《自然资源部办公厅关于印发〈国土空间调查、规划、用途管制用地用海分类指南（试行）〉的通知》（自然资办发〔2020〕51号）			
9	公交场站	S41	120802			
	公交站点	S41	120802			
	轨道场站	S41	1206			
	社会停车场（楼）	S42	120803			

15　成果的统一格式

15.1　成果装订

15.1.1　装订标准

编制成果统一采用A3幅面大小装订，大于A3幅面的附图也折叠为A3幅面大小装订，各部分应有相应目录。控制性详细规划修改成果可采用A4幅面大小装订。

15.1.2　装订顺序

说明书—规划成果图—规划示意图—现状分析图—技术研究资料（基础资料汇编）。

规划成果宜统一装订，基础资料汇编可单独装订。

15.1.3　封面

注明项目名称、规划设计单位名称和编制日期。编制日期以正式成果提交给委托单位的日期为准。建议格式如下。

社区规划封面（示例）

××××社区规划

说明书

规划图纸

××（单位）

××年××月××日

15.1.4　封一

规划设计单位的规划设计资质样张。

15.1.5 封二

列出院长、总工程师、项目总工程师、部门负责人、项目审查人员、项目负责人、项目编制人员、项目校核人等。建议格式示例如下：

院　　长：

总工程师：

项目总工程师：

部门负责人：

项目审查人：

项目负责人：

项目编制人：

规划专业：

交通专业：

管网专业：

项目校核人：

15.1.6 封三

目录

15.1.7 封底

可注明规划设计单位的地址、联系电话。

15.2 图签

图纸中应有图签，图签位置安排在图纸右下角。相关人员宜亲笔签名，图签格式如下。

图　　签（示例）

<table>
<tr><td>项 目
名 称</td><td colspan="3"></td><td>编制单位</td><td colspan="3"></td></tr>
<tr><td rowspan="2">项 目
负 责</td><td></td><td rowspan="2">项 目
总 工</td><td></td><td rowspan="2">图　名</td><td rowspan="2" colspan="3"></td></tr>
<tr><td></td><td></td></tr>
<tr><td>规 划</td><td></td><td>所 长</td><td></td><td>合同编号</td><td></td><td>比 例</td><td></td></tr>
<tr><td>制 图</td><td></td><td>审 查</td><td></td><td>出图日期</td><td></td><td>电 话</td><td></td></tr>
<tr><td>校 核</td><td></td><td>审 定</td><td></td><td>单位地址</td><td colspan="3"></td></tr>
</table>

16 附则

16.0.1 社区规划作为非法定规划，是倡导性规划，编制工作应在地方政府引导下，由社区居民委员会组织进行。规划内容若有涉及全体居民利益的重要问题，居民委员会应根据《中华人民共和国城市居民委员会组织法》的有关程序要求提请由每个居民小组选举代表2至3人参加的居民会议讨论，作出决定。

16.0.2 宜设立社区规划师制度，形成社区顾问规划师定期走访、长期跟踪服务规划实施的机制，帮助社区居民在不断协商中达成关于提高社区空间品质的共识。

16.0.3 社区规划成果中涉及空间规划建设要求的内容须纳入控制性详细规划的修改程序审定批准后才具有法律效力，作为规划建设管理依据。

16.0.4 本导则自发布之日起施行。

附录 A:（资料性附录）社区整治规划参考技术指标

A1 社区综合服务中心服务范围划分要求

A1.1 适宜的社区规模。社区综合服务中心服务的人口规模以规划居住人口 1.2 万左右为宜。当规划人口超过 2 万，且服务半径大于 500m 时，宜增设 1 处社区便民服务中心，特殊社区应个案研究。

A1.2 适宜的步行距离。社区综合服务中心适宜的服务半径为 350m 左右。

A1.3 合理的服务边界。社区综合服务中心服务范围划分应统筹考虑规划道路、自然地形、各层级行政辖区等界线。

A1.4 便于社会管理和开发建设。社区综合服务中心服务范围划分应考虑已建成楼盘和已发件项目范围的完整性等因素，有利于增强社区归属感。

A2 社区服务设施整治规划

A2.1 规划新增的社区级公益性设施宜根据各类型设施的选址布局要求，结合社区可利用资产（包括空置建筑、空置地等）设置。考虑已建成社区可利用空间较为紧张，在保障新增设施的建筑面积符合《重庆市城乡公共服务设施规划标准》（DB 50/T 543—2014）的前提下，设施用地面积可折减，折减系数参照附表 2.1。

空间紧张的已建成社区公益性设施配置折减系数　　附表 2.1

地区 控制指标	2000 年以前建成的社区	2000 年以后建成的社区
设施用地面积	≥ 0.6	≥ 0.7

A2.2 社区服务设施宜注重与社区公园、小广场、位于社区中的轨道交通站点等公共空间的紧密结合，有条件的社区宜规划形成社区综合服务中心；社区综合服务中心的功能可以包括公益性服务设施功能和经营性服务设施功能，集中布局时的占地（R22/R32）宜不低于 500m^2/ 千人，若包括公用设施和独立占地的幼儿园时应相应提高用地配置标准。每个人口为 10000~12000 的社区中，规划社区综合服务中心建筑面积宜不低于 3000m^2（不含室内外多功能运动场和老年人日间照料中心的室外活动场地）。其中，便民服务中心（社区服务站）800m^2、警务室 50m^2、老年人日间照料中心 750m^2、卫生服务站 300m^2、社区文化活动室 300m^2、托育设施 300m^2、菜店（平价超市）500m^2。多功能运动场（具有文化广场功能）宜大于 1500m^2，作为社区综合服务中心的室外活动场地，应统筹选址布局。

A2.3　无条件规划形成集中的社区综合服务中心的社区，近期更新规划应按照每百户 30m^2 的建筑面积标准相对集中配置各类社区综合服务设施用房，结合旧城更新地块安排各项社区公益性服务职能，但每处不宜低于 600m^2，也可利用社区可利用资产（包括空置建筑、空置地等）进行规划整合。

A2.4　经营性设施应均衡设置，鼓励在次干路、支路的街角或沿街布置，形成街头商业角，其中菜店、自助洗衣店、家政服务点等便民商业设施应规划重点保障。

A3　社区环境整治规划

A3.1　社区人均广场规模按照 0.07~0.20m^2 控制，考虑社区居民对公共交往、康体健身的需求，单个广场的规模宜控制在 200m^2 以上，最大服务半径 500m。结合多功能运动场布局的社区广场，规模不得低于 1500m^2，应包含老年人室外活动功能，并应与社区综合服务中心相邻布局。

A3.2　社区人均公园绿地规模按照不宜低于 2m^2 控制，单个社区公园或小游园的规模宜控制在 500m^2 以上，最大服务半径 500m，绿地率应在 65% 以上。

A3.3　社区文化环境整治规划中，为了避免视觉疲劳，应注意主次对景的合理安排。有条件的社区应选择有一定文化历史的街巷作为社区“文道”，重点提高文化景观节点的密度，景观节点间距不宜超过 200m。

A4　社区交通基础设施整治规划

A4.1　为营建社区舒适的街道空间，可采取打通社区内部的断头路或将居住小区级道路控制为城市支路的方法，增加道路的可达性、交通的渗透性和公共性。

A4.2　考虑已建成社区可利用空间较为紧张，可通过规划机械式停车楼满足停车需求。

A4.3　在社区服务中心、中小学和幼儿园附近，应规划充足的停车空间，或在其周边的道路上规划足够的路边停车带。在社区范围内已规划的轨道交通站点附近，可设置一定数量的停车位，满足停车换乘需求，形成“P+R”换乘枢纽或节点。

A4.4　为满足社区停车需求，可划定路边夜间停车带，但路边停车带不宜阻碍行人通行。鼓励在有一定高差的堡坎架空设置停车库，或利用社区空置地建设停车楼。如果停车库（楼）建筑物无法满足建筑间距或退让距离，可结合建筑设计方案经专门论证并按程序报批。

A4.5　各社区应相对集中地布局物流企业末端配送点，提高物流企业配送效率。有条件的可通过整治增加相应路段的道路路面宽度，改善集散条件。同时避免将配送点布置在主干路上。

A4.6 社区步行道路的整治应尽可能形成环路，并与城市的“绿道”系统形成有机衔接。

A5 市政环卫设施整治规划要求

A5.1 市政环卫设施配建水平应与社区居住人口规模相适应，满足市政环卫设施有关建设规定，与相关规划、社区周边基础设施布局相衔接。

A5.2 规划新增的市政环卫设施宜根据各类型设施的选址布局和安全要求，结合社区可利用资产（包括空置建筑、空置地等）设置。改造和新增的垃圾收集点（转运站）、公厕、开闭所、配电箱、交换箱等市政环卫基础设施应尽量利用地下空间（包括公共空间的地下部分），或结合非居住建筑设置。

A5.3 市政环卫设施改造计划应统一制定、统筹考虑、分步实施。

A6 社区基础设施整治规划技术

社区水、电、气市政设施应形成网络，满足安全卫生防护、环境生态要求。管网布局宜充分结合城市已规划的重要基础设施廊道，根据社区发展需求，合理安排各类管网布局，尽量保障各类管网铺设下地。

A6.1 能源系统

应大力开发清洁能源替代碳基能源的使用，在城市社区内广泛使用太阳能、风能、地热能等新型可再生能源。总体而言，要统筹考虑社区周边市政、资源禀赋条件，按照常规能源高效利用、可再生能源优先选择等原则，充分利用智能化、信息化手段，积极开发应用风能、太阳能、地热、生物质能等可再生能源，优化能源结构，提高利用效率，形成可再生能源与常规清洁能源相互衔接、相互补充的能源供应模式，构建清洁、安全、高效、可持续的能源供应系统和服务体系。

A6.1.1 实现常规能源高效利用

社区能源系统设计应优先接驳市政能源供应体系。对有市政管网通达的社区，应优先采用集中配送方式，接驳市政能源供给系统。市政管网未通达的社区，应建设集中供热设施，优先采用燃气供热方式，有条件的地区应积极利用工业余热或采用冷、热、电三联供。

A6.1.2 配置可再生能源利用设施

对可再生资源丰富的区域，鼓励新建社区建立可再生能源发电系统，积极建设太阳能光电、太阳能光热、水源热泵、生物质发电等可再生能源利用设施。例如，采用太阳能路灯、风光互补路灯，在公交车站棚、自行车棚、停车场棚等建设光伏发电系统。鼓励利用生物质能、地热能等进行集中供暖。鼓励构建智能微电网系统。

A6.1.3　建设高效的能源计量、监测系统

开展社区能源供应的分项计量。在社区能源系统设计上，落实能源供应的分户、分类、分段、分项计量，实现三级计量，在施工阶段实现计量器具的同步安装。鼓励开展社区能源合同管理，通过能源合同管理方式统筹协调社区内居民小区和社会单位，整体建设社区能源设施。

A6.2　水资源利用系统

城市社区建设所涉及的水资源规划应主要围绕社区节水和水资源综合利用两个核心内容展开，从整体上在社区范围内统筹规划供水、污水和雨水等。它的实现主要通过以下几个方面的工作：一是节约、高效利用水资源；二是减少生产、输送过程中因耗能所产生的 CO_2 排放量；三是采用绿色水处理技术降低能耗，减少 CO_2 排放量；四是在污染物去除过程中通过碳源转化减少 CO_2 量。其中，前三项可以通过技术手段实现 CO_2 减排，特别是节约、高效利用水资源。具体包括在家庭推行节水器具、设置定额水量等；在污水回用方面多采用新技术；引进新技术，提高雨水的利用率等。总体而言，自来水消耗的减少将从根本上使输送和处理过程中能耗降低。

A6.2.1　建设给水排水设施

统筹社区内、外水资源条件，按照市政供水的节约高效利用、社区内水资源的循环利用等原则，充分利用生态手段和信息化技术，构建社区低碳水资源系统。优先接驳市政给水排水体系，同步规划建设供水、排放和非传统水资源利用一体化设施。鼓励建设雨污分流、循环水务系统。给水排水管网建设同步安装智能漏损监测设备，实现实时监测、分段控制。

A6.2.2　非传统水资源利用

建立非传统水资源利用系统，加强雨水资源的收集利用。鼓励以低碳生态为原则，充分对雨水等市政供水以外的水资源进行收集与再利用。一方面，实现污水就地处理和再生水回用。在社区邻近范围无市政再生水厂的情况下，鼓励社区污水的就地就近处理和回用。同时，鼓励通过市场化模式，引入第三方专业企业，参与社区内公共建筑、小区或社区级的污水处理和回用设施的建设。另一方面，开展社区雨水源头控制和利用。应遵从绿色、低碳理念，注重源头控制。其中，建筑和小区项目应由开发单位完成雨水设施的方案研究和建设，鼓励采用透水铺装、下凹式绿地、雨水花园和景观调蓄水池等方式调蓄滞留和利用雨水。市政、园林、规划、交通等相关部门应相互协调配合，对社区内道路、水体和公园等较大尺度的建设项目进行雨水控制和利

用系统的建设。

A6.2.3　设置社区供水漏损监测系统

强化给排水管网智能监测。在社区内供水管网建设的同时，安装漏损监测设备，通过智能化监测、分段控制，减少供水管网的“跑冒滴漏”现象。

附录 B：（规范性附录）基础资料收集要求

B1　社区行政区划边界。

B2　社区 1 ： 500 比例地形图。

B3　社区卫星影像图。

B4　社区不动产权属关系、已转让或待转让信息。

B5　社区相关规划（空间规划、总体规划、分区规划、控制性详细规划及其他战略性规划和概念规划）成果。

B6　社区人口统计数据（总户数、总人口、城镇人口、常住人口、流动人口、年龄结构、老龄化程度、性别比、租赁户数、特殊人群等）。

B7　社区碳排放资料（建筑耗能情况、社区生态环境与社区环境现状、社区步行和自行车出行现状、社区能源利用现状、社区水与固体废弃物利用现状等）。

B8　社区所在街道的发展计划。

B9　社区经济、社会、产业等相关资料。

B10　社区支路、步行道、停车场、地下停车位等交通设施现状资料。

B11　社区电力、燃气等能源利用方式，现状社区及周边能源设施布局和规模、管线等级和走向。

B12　社区及周边供水、排水设施及管线现状布局和建设情况，社区雨水和污（废）水利用情况。

B13　社区生活垃圾分类、收集和处理、利用情况，社区环卫设施现状布局。

附录 C：（资料性附录）问卷调查表（示例）

社区居民问卷调查表

尊敬的社区居民：

您好！感谢您在百忙之中抽出宝贵的时间填写此份问卷，您所提供的信息对 ××× 社区未来发展非常重要，请您如实填写。本问卷结果仅用于开展 ××× 社区规划的目的，您提供的任何信息将依法保密，问卷后期的数据分析成果会公布在社区服务中心，分析成果绝不涉及个人隐私。

请您在认为符合的每一项前打钩，可补充说明。

一、基本情况

1. 您的年龄

□ 18 岁以下　□ 19~40 岁　□ 41~59 岁　□ 60 岁以上

2. 您的文化程度

□初中及以下　□大学本科及以上

□其他（如高中、中专、职（技）校、大专等）

3. 您的工作情况

□学生　□在职　□自由职业者　□退休　□待业　□其他

4. 您在 ××× 社区的居住时间

□半年以下（含半年）　□半年以上、5 年以下（含 5 年）

□ 5 年以上、10 年以下（含 10 年）　□ 10 年以上

5. 您在 ××× 社区居住的房屋来源

□购置的商品房　□已购的公房　□房屋租赁　□其他

6. 原居住地

□重庆中心城区　□远郊区（县）　□外省

二、社区设施使用情况调查

1. 您对目前 ××× 社区环境满意程度

□满意　□一般　□不满意

2. 您目前对社区环境最满意的方面？（多选，三项为宜）

□公共环境安静、整洁　□治安管理好

□购物、餐饮方便　□看病方便

□上幼儿园、上学方便　□邻里关系和睦

□邻里交往、活动的公共空间较多　□片区绿化多

□出行方便　　　　□步行环境舒适　　　　□其他（请注明）

3. 您目前对社区最不满意的地方（多选，三项为宜）

□公共环境喧闹、脏乱　　　　□治安管理差

□购物、餐饮不便　　　　□看病不便

□上幼儿园、小学不便　　　　□邻里冷漠、紧张

□邻里交往、活动的公共空间少　　　　□片区绿化少

□出行不便　　　　□步行环境差　　　　□其他（请注明）

4. 您希望就近改善或增加哪些便民商业设施？（多选，三项为宜）

□餐饮店　　　　□休闲娱乐场所

□菜市场　　　　□书店

□理发店　　　　□小型超市或连锁便利店

□其他（请注明）

5. 您希望就近改善或增加哪些便民公益设施？（多选，三项为宜）

□社区管理用房　　　　□幼儿园

□医院 / 卫生所　　　　□体育活动室

□社区卫生服务站　　　　□社区文化站

□健身场地　　　　□老年人日间照料中心

□养老院　　　　□幼儿园

□警务室　　　　□其他（请注明）

6. 您希望就近改善或增加哪些便民市政设施？（多选，三项为宜）

□垃圾集中收集点　　　　□垃圾果皮箱

□公厕　　　　□残障人士坡道

□盲道　　　　□直饮水

□路灯　　　　□健身器械

□休息座椅　　　　□其他（请注明）

7. 您希望从哪些方面改善社区环境设施？（多选，三项为宜）

□增加广场　　　　□增加小游园

□种树、增加草坪　　　　□增加公共活动空间

□增加座椅、凉亭、环境小品　　　　□整治建筑外立面

□改善路面铺装　　　　□改善路面排水

□拆除围墙　　　　□拆除违章建筑

□规范乱停车现象　　　　□规范乱丢弃垃圾现象

□其他（请注明）

8. 您日常出行最常选择的交通方式

□步行　□自行车　□公交 / 轨道　□出租车　□私家车

9. 您觉得需要改善或增加哪些交通设施？（多选，三项为宜）

□公交站点　□自行车停车处

□停车场（库）　□道路遮阴

□斑马线　□交通信号灯

□其他（请注明）

10. 您最希望社区多功能运动场所（本居住小区内的设施除外）配置的运动设施（多选）

□多功能健身器材　□篮球场

□五人制足球场　□羽毛球场

□网球场　□排球场

□广场舞区域　□儿童娱乐区域

□健身步道　□其他（请注明）

三、社区活动参与意愿调查

1. 您是否有意愿参与有组织的社区活动？

□有　□无　□不确定

2. 您平时是否在社区从事户外活动？

□经常　□偶尔　□从不

3. 您希望参与哪些类型的社区活动？（多选，三项为宜）

□知识讲座　□法律支援

□就业指导培训　□家政服务

□艺术陶冶　□医疗保健讲座

□舞蹈队、合唱队等团体活动　□其他（请注明）

4. 您认为以下哪些是重要的低碳生活习惯？（多选）

□使用环保袋　□随手关灯

□少开车　□自带生活用品

□减少使用一次性用品　□节约用水　□垃圾分类

5. 您是否有愿意与邻居分享的专长？

6. 需要多大的活动室面积（m^2）？

四、您对 ××× 社区的发展还有哪些改善建议？（非必填项）

社区管理人员调查问卷（示例）

亲爱的朋友：

您好！为了了解贵社区服务设施的基本情况，反映社区居民和管理人员的诉求，我们现对各类社区服务设施的配置情况做一个抽样调查。您提供的信息将为有关部门规划决策提供重要依据，谢谢您的支持与配合。

1. 您认为社区服务站的适宜服务距离为（　　）。

□ 400m 以内（步行 5 分钟以内）　□ 400~700m（步行 5~10 分钟）

□ 700m 以上

2. 您认为社区服务站的适宜建筑规模为（　　）。

□ 300~700m^2　□ 700~1000m^2　□ 1000~2000m^2

3. 您认为老年人日间照料中心（或托老所、养老站）的适宜服务距离为（　　）。

□ 300m 以内（步行 5 分钟以内）　□ 400~700m（步行 5~10 分钟）

□ 700m 以上

4. 您认为老年人日间照料中心（或托老所、养老站）的适宜建筑规模为（　　）。

□ 500m^2 以下　□ 500~1000m^2　□ 1000~2000m^2

5. 您认为社区文化站的适宜服务距离为（　　）。

□ 400m 以内（步行 5 分钟以内）　□ 400~700m（步行 5~10 分钟）

□ 700m 以上

6. 您认为社区文化站的适宜建筑规模为（　　）。

□ 300m^2 以下　□ 300~500m^2　□ 500~1000m^2

7. 您认为社区卫生服务站的适宜服务距离为（　　）。

□ 400m 以内（步行 5 分钟以内）　□ 400~700m（步行 5~10 分钟）

□ 700m 以上

8. 您认为社区卫生服务站适宜的建筑规模为（　　）。

□ 500m^2 以下　□ 500~1000m^2　□ 1000~2000m^2

9.【可多选】您认为社区多功能运动场所（本居住小区内的设施除外）宜配置的运动设施包括（　　）。

□多功能健身器材　□篮球场

□五人制足球场　□羽毛球场

□网球场　□排球场

□广场舞区域　□儿童娱乐区域

□健身步道　□其他（请注明）

10. 您认为社区多功能运动场所（本居住小区外）的适宜用地规模为（　　）。

□ 400m 以内（步行 5 分钟以内）　　□ 400~700m（步行 5~10 分钟）

□ 700m 以上

11. 您对公共厕所设施满意吗?

□满意　　□不满意　　□不知道

12. 您对停车设施满意吗?

□满意　　□不满意　　□不知道

13. 您对垃圾站、再生物资回收点满意吗?

□满意　　□不满意　　□不知道

14. 您对社区无障碍设施满意吗?

□满意　　□不满意　　□不知道

15.【可多选】您认为社区居民最需要提供什么服务?

□寻找就业机会　　□解决上学问题

□普及低保救助　　□健全养老服务

□寻求家政服务　　□学习安全防灾

□改善环境卫生　　□便利社区医疗

□丰富文化活动　　□积极体育健身

附录 D：（资料性附录）社区主要服务设施图例示例

图例	名称	图例	名称	图例	名称
社区服务设施					
幼	幼儿园	小	小学	初	初中
高	高中	完	高完中	九	九年一贯制学校
特	特殊教育学校		社区卫生服务站	文	社区文化活动室
	社区多功能运动场	管	社区服务站	警	社区警务室
居	社区居委会	社	社区综合服务中心	老	老年人日间照料中心
	文物保护单位	菜	菜店（平价超市）	街	街道综合服务中心
养	养老院	再	再生物资回收点		邮政支局
羊	银行网点	邮	邮政所	配	社区物流配送点
公共基础设施					
	加压泵站（给水）		变电站		配电箱
K	电力开闭所		变（配）电所		燃气调压站
	雨、污泵站		垃圾收集点	垃	垃圾转运站
	公共厕所		公交站场	B	公交站点
	轨道交通站点（出入口）	P	社会停车场（库、楼）		人行地下通道
	人行天桥		步行及非机动车系统		
公共安全设施					
避	避难场所				

附录 E:（资料性附录）城市既有社区分类发展建议

E1　城市既有社区的改造既包括硬件设施改造，也包括运营模式和管理手段改进。城市既有社区应考虑通过社区小气候改善社区生活，宜充分挖掘和利用地方技术和方法营造良好的社区环境。

E2　街坊型社区应利用其紧凑的街巷空间结构，鼓励居民以公共交通和步行方式出行。应对社区内道路系统进行改良，改善社区交通微循环系统，宜营造有利于非机动车出行的空间环境。

E3　单位型社区应以设施共享共建为特色，利用单位的建设管理优势，更新发展公共服务设施，与社区居民共享资源，构建便捷、舒适的生产、生活网络。

E4　混合型社区需要综合考察地域、经济、自然、文化等特色，利用改善当地建筑质量和公共空间的机会进行修补性的城市更新。

E5　规划应区分居家养老和社区养老等不同人群的需求，合理安排室外公共活动场所，实现老有所乐。

附录 F：（资料性附录）城市既有社区低碳试点指标表

城市既有社区低碳试点指标表

一级指标	二级指标	指标性质		目标参考值
节能和绿色建筑	社区 CO_2 排放下降率	约束性	—	≥ 10%（比照试点前基准年）
	新建建筑绿色建筑达标率	约束性	—	≥ 60%
	既有居住建筑节能改造面积比例	约束性	—	≥ 20%
	既有公共建筑节能改造面积比例	—	引导性	≥ 20%
交通系统	公交、自行车和步行分担率	约束性	—	≥ 80%
	自行车租赁站点	约束性	—	≥ 1 个
	电动车公共充电站	—	引导性	≥ 1 个
	社区公共服务新能源汽车占比	—	引导性	≥ 20%
能源系统	社区可再生能源替代率	—	引导性	≥ 0.5%
	能源分户计量率	约束性	—	≥ 30%
	可再生能源路灯占比	—	引导性	≥ 30%
	建筑屋顶太阳能光电、光热利用覆盖率	—	引导性	≥ 10%
水资源利用	节水器具普及率	约束性	—	≥ 30%
	非传统水源利用率	—	引导性	≥ 10%
	社区雨水收集利用设施容量	—	引导性	≥ $1000m^3/km^2$
固体废弃物处理	生活垃圾分类收集率	约束性	—	≥ 80%
	生活垃圾资源化率	—	引导性	≥ 30%
	餐厨垃圾资源化率	—	引导性	≥ 10%
环境美化	社区绿地率	—	引导性	≥ 30%
运营管理	开展社区碳盘查	约束性	—	有
	碳排放统计调查制度	约束性	—	有
	碳排放管理体系	约束性	—	有
	碳排放信息管理系统	—	引导性	有
	引入的第三方专业机构和企业数量	—	引导性	≥ 3 个
低碳生活	低碳宣传设施	约束性	—	有
	低碳宣传教育活动	约束性	—	≥ 2 次 / 年
	低碳家庭创建活动	约束性	—	有
	节电器具普及率	—	引导性	≥ 50%
	社区综合服务中心（公共食堂和配餐服务中心）	约束性	—	有
	社区旧物交换及回收利用设施	约束性	—	有
	社区生活信息智能化服务平台	约束性	—	有
	低碳生活指南	约束性	—	有

附录 2　重庆市社区人性化规划技术导则专题研究报告

本专题是笔者承担的能源基金会资助项目“在新型城镇化背景下重庆市城乡规划行业地方标准体系可持续建设研究”的一个专题研究内容。因其对社区规划编制技术的提升具有一定参考价值，现作为本书附录，具体报告如下[①]。

1　范围

本文件规范了提高居住区公共活动空间、公共服务设施、道路交通设施、市政公用设施人性化的规划原则和技术要点。

本文件可供重庆市社区规划编制人员开展社区规划时作为技术性参考。

2　规范性引用文件

下列标准对于本文件的应用是必不可少的。凡是注日期的引用标准，仅所注日期的版本适用于本标准。

GB 50137《城市用地分类与规划建设用地标准》

GB 50180《城市居住区规划设计标准》

DB 50/T 543《重庆市城乡公共服务设施规划标准》

① 本专题研究成果主要起草人为孟庆、刘亚丽、莫宣艳、胡伟。

3 术语和定义

3.1 人性化规划

本文件所指的人性化规划是指在规划过程中，根据人的行为习惯、人体的生理特点、人的心理情况、人的思维方式等，对居住区的公共空间和各类设施进行优化规划，使市民生活更加方便、舒适，用规划技术体现人文关怀和对人性的尊重。

3.2 服务半径

服务半径是指各项设施所服务范围的空间距离或时间距离。各项设施的分级及其服务半径的确定应考虑两方面的因素：一是居民的使用频率，二是设施的规模效益。

4 总则

4.1 居住区规划应以人为本，充分考虑居民日常生活需求的方便性和舒适性。

4.2 为居住区的老年人、残障人士的生活和社会活动提供足够的便利条件，为居住区的儿童日常活动提供充足的户外空间。

4.3 充分考虑人性化规划编制技术在社会、经济和环境三个方面的综合效益，应以社会效益为主。

5 公共活动空间的人性化

5.1 本文件所指居住区公共空间包括街道空间、步行空间、场地空间、绿地空间四大类，其中场地空间分为一般场地、老年人活动场地、儿童活动场地三类。

5.2 一般规定

5.2.1 符合设计规范和标准，同时保证居民的安全需要与心理舒适感。

5.2.2 具有空间特色。空间环境设计形式应杜绝千篇一律的形式，要有地方特色与个性，形成多元的、可识别的空间。

5.2.3 空间组织的层次性。考虑居住区范围内、组团范围内和宅前活动需要的不同，针对老年人、儿童以及弱势群体的活动需求，完善公共空间—半公共空间—半私密空间的层次关系。

5.2.4 公共空间的尺度感。空间尺度要符合人的行为与活动需求，尺度不宜过大

图5.2.2 千篇一律的空间环境

图5.2.4 公共空间的适宜尺度

或过小，应形成良好的空间围合感与通透感。

5.2.5 公共空间的细节考虑。公共空间设计宜在细节上进行巧妙设计，因地制宜，在有限的空间内，利用植物、地面高差、铺地的分隔和设施的安排来创造丰富、宜人的空间环境。

5.3 街道空间设计

5.3.1 居住区街道宜构建传统意义上的街区，应具有适宜的，更符合步行需求的尺度，形成人、车共享的次、支干道。作为社区公共中心的商业街道应位于住宅区中心，并为小区居民的户外活动提供足够多的硬地面积。

5.3.2 小区级道路可以设计成宽阔的林荫大道；组团级道路可以沿街安排各种活动场地及商业服务设施，还可以设计一些上宅下店的低层建筑。

5.3.3 采用弯道、路面驼峰以及局部窄路来限制车速。

5.3.4 在限定的地点设置路面停车空间，改善人与车的接续关系。

5.3.5 对街道的线形、宽度、小品等进行精心的设计处理，扩展出形态各异的院落空间，结合绿化铺地的边界划分空间，增加空间趣味性。

图5.3.2 林荫街道空间

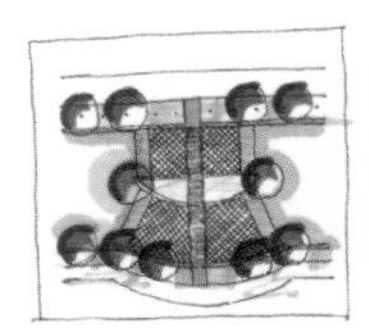

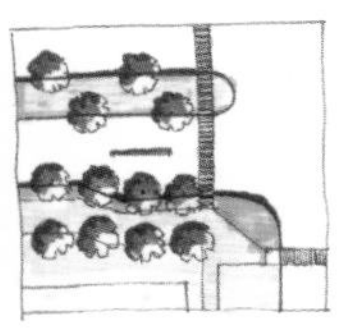

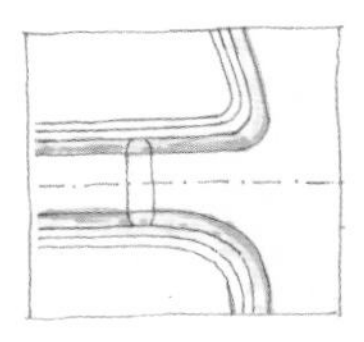

图5.3.3 弯道、路面驼峰以及局部窄路示意图

图5.3.4 停车侵占公共交通空间

5.3.6 在沿街建筑的底层设置部分架空空间，形成更多的半开放空间。

5.3.7 街道环境注重文化艺术性设施。不仅要注意设施的整体效果，还要注意其细部的雕琢，供行人细细品评。

5.3.8 在街道空间中开辟一定的小空间，供人们在此逗留、休息，形成有吸引力的静态空间，如在街道两侧建筑的凹口、转角、柱子、台阶等处为人们提供坐、站、靠的空间和支持物。

5.3.9 为防止车辆太靠近住宅，可通过高差来分隔，但要同时考虑无障碍环境设计。必要时，消防车和救护车须可达宅前。

5.3.10 在小区（社区）入口处设清晰的地图和标识作为指引。

5.4 步行空间设计

5.4.1 步行道应是居住区中到达特定目的地的完整的交通路线，应提高整体可达性。并宜进行有创意的规划，形成若干可供选择的线路。

5.4.2 保持住宅与街道环境空间在精神功能上的密切关系。步行道设计应采用景观铺装，不仅要满足道路的基本功能（道路的弹力、排水透水性、平坦性、视觉性等），而且要注重其与周围环境的协调。

5.4.3 在步行道旁种植丰富的植物。让道路变得曲折，使空间更加紧凑，达到步移景异的效果。

5.4.4　在休息处设置座椅和小品，形成视线通廊和景观节点，提高愉悦感官。通过植物栽植、铺地的变化和设施布局为人们创造宜人的步行环境。

5.4.5　通过步行道将沿途各种不同的休闲空间、服务建筑、景观小品有机串联在一起，形成紧凑、有序的空间环境。

5.4.6　为保障老年人行走舒适，每隔 150m 应设置中途休息处。

5.4.7　小区的步行道应避免高度变化、不规整的铺地材料，留有接缝和其他地表突起物都会威胁人的安全，尤其是老年人。

5.5　场地空间设计

5.5.1　构建合理、有机的外部空间结构层次，完善整体规划结构的同时，还应该使外部空间有利于交往的形成，从社区的角度考虑空间的营造，增加邻里经常性见面的场所。

5.5.2　合理设置广场的开口位置及大小，形成有内聚力的围合空间，以鼓励人们在其中活动。

5.5.3　充分利用地形，如坡地或水体，形成丰富的空间层次，营造多元的空间吸引人群的停留与活动。

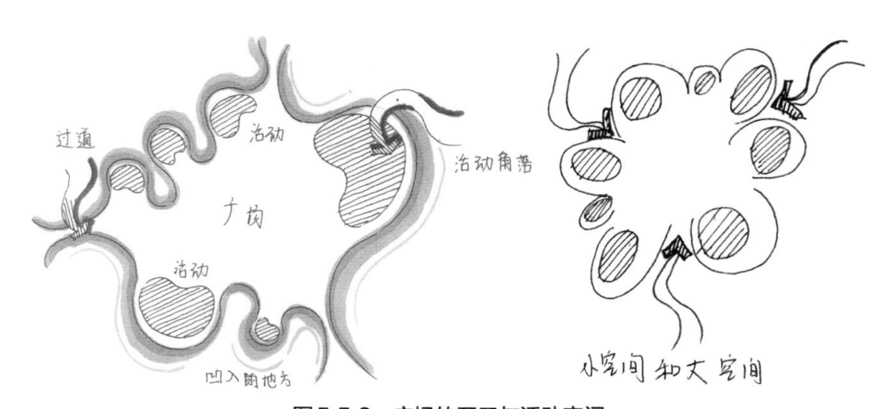

图5.5.2　广场的开口与活动空间

图5.5.3　地形高差与停留空间

5.5.4　在广场中设置标志物，提高可识别性。

5.5.5　广场地面铺装要平坦、防滑，尽量使用深色、无反光的面砖，减少眩光。水池边、花池边、挡土墙等形成“边界”和“领域”，以丰富休憩空间的形态。

5.5.6　在广场内布置一些有“活力”的设施，如零售摊位、报栏、咖啡座等，以此提供更多的广场活动，吸引人流进入广场并驻足停留。

5.5.7　应尽可能将一些使用频率高、公用人流量大的项目设在位于广场边缘的建筑的底层。

5.5.8　在广场中布置灯栏、护栏以及有边坡绿地的墙面，并考虑使它们中的一部分成为人们驻足停留的引导物。

5.5.9　布置一些适于交谈的小坐空间，如L形、多凹形或凸凹形、弧形等空间。提供形式灵活的座位，如台阶、花台、水池边沿、矮墙、旗杆基座等。

5.5.10　在广场设计中应注意控制噪声，同时注意光环境营造和热环境营造。

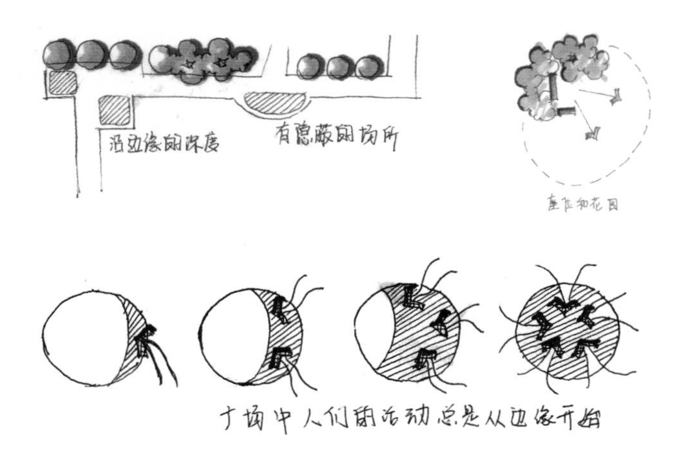

图5.5.5　人们愿意停留的各种空间示意图

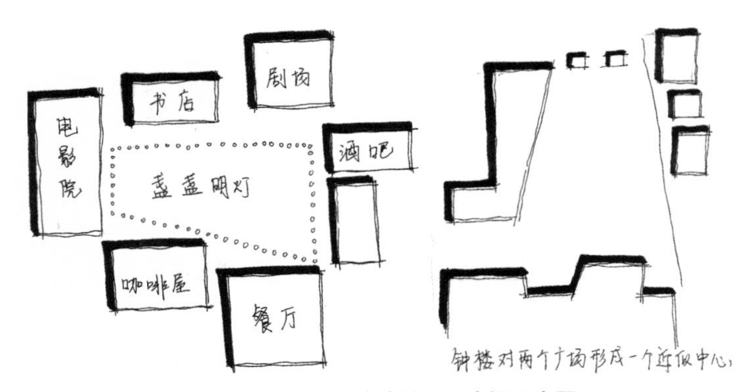

图5.5.7　使用频率高的项目空间示意图

5.5.11 广场内背景音乐的播放。应利用现代化音响系统将音乐播放到广场内每一角落，使人的听觉始终处于愉快的情景之中。

5.5.12 注意广场的微气候环境是否可在全年内得到充分的阳光，夏季暴晒的地方是否布置了遮阴设施，是否可以避免产生风口。在安排活动场地、花园、座位时可通过设计棚架、屏风、植物群落、围墙等来缓解风口的影响。

5.5.13 宜与水系结合，营造各具特色的公共空间节点。应结合沿岸步行道提供水体与岸边之间的软连接，设计不同的亲水方式。

5.5.14 老年人活动场地

居住区步行道应采用平整、防滑的石材，减小梯段的坡度，增设扶手、无障碍通道和遮阳避雨的装置，并结合实际，在必要处设置电动扶梯和电梯等机械设施。

建筑入口和上下车区域设置带扶手的坡道，并且有良好的夜间照明。

设置针对各种活动能力的老年人的锻炼场所。

如果高差较小，宜采用坡道处理；不方便使用坡道时，可在沿途种植池抬高，以便引导视线。

设立公共园林区，鼓励居民自愿参与维护或修整。

在使用率较高的步行道旁增设带靠背的座位。

在建筑入口等容易引起安全问题的地方，采用分枝点高的乔木或低矮灌木。

场地和建筑设有统一模式的标识并适当放大、加粗以便老年人识别。

休息空间中还可以专门设置一些比较私密的空间，避开主要人流聚集的地方，并有树木、花草等遮挡视线，以方便不喜热闹的老年人静坐。

在道路的转折处及尽端，要设置明显的标志，如比较特别的植物、园林小品等，以增强道路的导向性。

老年人可触及的设施应防止出现尖锐、粗糙部分，避免刮伤或摔伤老人，应做到尖锐部分打成圆角处理，粗糙部分光滑处理。

图5.5.14 男性老年人喜欢聊天、打牌等安静活动，女性老年人喜欢跳舞等热闹活动

应在适当的位置设置公共厕所，尤其是在远离住宅组团的公共绿地内。

5.5.15　儿童活动场地

儿童活动场地的设计应根据儿童生理和心理需求进行精心设计。可以在低层住宅的院落内部设置秋千、童车和滑梯等，也可以在宅前结合公用院落设置沙坑、转椅等设施。或者利用地形的起伏变化，结合绿化设计，模拟自然形态，如通过土堆、小丘等地坪上升的处理和小洼地、凹坑等地坪下沉的处理，形成自然、变化的儿童活动场地。

图5.5.15　儿童喜欢起伏变化的场地

休息空间的设计应合理设计庭廊、座椅、台阶、花池以及坡道等细节部分，在满足休息功能的同时，也起到点缀环境的作用。

儿童游戏场应禁止机动车辆驶入。

场地要安全，游乐设施必备视线合理、尺度适宜以及供照看人休息的设施。

5.6　绿地空间

5.6.1　发展分散的组团绿化和集中的居住区公共绿化，避免过多人为修饰，形成功能健全、结构合理、生长稳定的复合绿化体系。

5.6.2　绿地尽可能接近住所，便于居民随时进入。宜沿住区主路纵深展开，与住宅组团紧密结合。

图5.6.4　硬质铺装地面与草地有机结合

5.6.3　绿地布置要讲究功能性、实用性。名贵的树种尽量少用，多选用适应当地气候与土壤条件的树种。

5.6.4　绿地内应有一定的硬质铺装地面，以供老年人、成年人锻炼身体和青少年、儿童进行游戏，但不宜占地过多。利用草坪和低矮灌木作为界面，暗示出空间的边界，随种植形式和疏密程度的不同产生围合感。

5.6.5　绿化面积及空间大小要控制好，做到大而不空，小而不挤，必须把握好绿化和各项公共设施的尺度。当绿地向一面或多面敞开时，要在敞开的一面用绿化等设施加以围合，使人免受外界视线和噪声等的干扰。当绿地被建筑所包围产生封闭感时，则宜采取“小中见大”的手法，营造一种软质空间，柔化绿地与建筑的边界。同时，防止在这样的绿地内布置体量过大的建筑或尺度不适宜的小品。

5.6.6　植物配置应考虑其植物选种、配置形状、管理维护等多方因素。植物配置的形状和人的心理有紧密联系。

几何形状与情感　　表 5.6.6

几何形	对应的情感特征
圆形	非常愉快，温暖，柔和，细润，有品格，舒展
半圆形	温暖，湿润，迟钝
扇形	锐利，凉爽，轻巧，华丽
正三角形	凉爽，锐利，坚固，干燥，强壮，收缩，轻巧，华丽
菱形	凉爽，干燥，锐利，坚固，强壮，有品格，轻巧，华丽
等角梯形	沉重，坚固，质朴
正方形	坚固，强壮，质朴，沉着，有品格，愉快
长方形	凉爽，干燥，坚固，强壮
椭圆形	温暖，迟钝，柔和，愉快，湿润，舒展

5.6.7　公共绿地用地平衡控制指标

居住区内各项用地所占比例的平衡控制指标应符合以下表中的规定。

居住区内各项用地所占比例的平衡控制指标　　表 5.6.7

居住区用地平衡控制指标（%）			
用地构成	居住区	小区	组团
1 住宅用地（R01）	45~60	55~65	60~75
2 公共建筑用地（R02）	20~32	18~27	6~18
3 道路用地（R03）	8~15	7~13	5~12
4 公共绿地（R04）	7.5~15	5~12	3~8
居住区用地（R）	100	100	100

5.6.8　居住区内的绿地规划应根据居住区的规划布局形式、环境特点及用地的具体条件，采用集中与分散相结合，点、线、面相结合的绿地系统。并宜保留和利用规划范围内的已有树木和绿地。

5.6.9　设计带有私人庭院、大阳台和窗台的住宅，以支持居民养花种草。

5.6.10　居住区内的公共绿地应根据居住区的规划组织结构类型，设置相应的中心公共绿地，包括居住区公园（居住区级）、小游园（小区级）和组团绿地（组团级），以及儿童游戏场和其他块状、带状公共绿地等，并应符合下表的规定。

各级中心公共绿地设置表　　表 5.6.10

中心绿地名称	设置内容	要求	最小规模（hm^2）
居住区公园	花木草坪、花坛、水面、凉亭雕塑、小卖店、茶座、老幼设施、停车场地和铺装地面等	园内布局应有明确的功能划分	1.0
小游园	花木草坪、花坛、水面、雕塑、儿童活动设施和铺装地面等	园内布局应有一定的功能划分	0.4
组团绿地	花木草坪、桌椅、简易儿童活动设施等	灵活布局	0.04

公共绿地的位置和规模，应根据规划用地周围的城市级公共绿地的布局综合确定。

中心公共绿地的设置应至少有一个边与相应级别的道路相邻。绿化面积（含水面）不宜小于 70%。为便于居民休憩、散步和交往，宜采用开敞式，以绿篱或其他通透式院墙或栏杆作为分隔。

其他块状、带状公共绿地应同时满足宽度不小于 8m、面积不小于 400m^2。

5.6.11　居住区内公共绿地的总指标应根据居住人口规模分别达到：组团不小于 0.5m^2/ 人，小区（含组团）不小于 1m^2/ 人，居住区（含小区与组团）不小于 1.5m^2/ 人，并应根据居住区规划组织结构类型统一安排、灵活使用。旧区改造项目指标可酌情降低，但不得低于相应指标的 50%。

5.6.12　小区的绿地率须在 30% 以上。几种手法如下。

小区的公共绿地与公共活动空间的结合。

结合住宅组团配置组团空间的二级绿地，供住宅组团内的居民交往和活动。

宅间绿地是利用住宅的有效间距进行绿化的一种方式，也是组团绿地的延续与补充。

邻里空间（以 3~5 幢住宅以及有序形式所围合成半开敞的公共空间）由于最贴近居民住户，人们的日常活动、交往多在这个空间中进行，是居民日常户外活动驻留时间最长的空间。

结合步行道设置带状绿地。

6　公共服务设施的人性化

6.1　居住区公共服务设施分级、分类

6.1.1　居住区公共服务设施分为街道和社区两级。规划应鼓励同级别的设施集中布局，形成中心。

6.1.2　街道级设施包括：卫生服务中心、全民健身活动中心、全民健身广场、街道公园、文化活动中心、老年人活动中心、小型综合图书馆、街道服务中心、老年人服务中心、养老院、残障人士康复托养所、街道办事处、派出所、菜市场、专科医院、商业设施（中型超市、大型餐饮店）、邮政支局、银行支行、体育会所、健身馆、游泳池、篮球场等。

6.1.3　社区级设施包括：社区卫生服务站、小游园、儿童游戏场、社区文化活动室、多功能运动场（羽毛球场、篮球场等）、社区服务站、老年人日间照料中心、居委会办公用房、社区管理用房、警务室、菜店（布点）、私人专科门诊、摊贩区、会所、老年人活动室、棋牌室等。

6.1.4　应鼓励纳入街道综合服务中心集中布局的设施包括：卫生服务中心、全民健身活动中心、街道公园、文化活动中心、老年人活动中心、老年人服务中心、派出所、菜市场、部分商业和服务业等设施。

6.1.5　应鼓励纳入社区综合服务中心集中布局的设施包括：卫生服务站、小游园、社区文化活动室、多功能运动场（羽毛球场、篮球场等）、社区服务站、老年人日间照料中心、居委会办公用房、警务室、菜店（社区超市）等设施。

6.2　居住区级公共服务设施的人性化

6.2.1　街道综合服务中心布点的原则

应选择交通便利、市政设施条件较好的地段。

应选择位置适中、方便居民出入、便于服务辖区居民的地段。

宜结合广场、公园、绿地等规划公共活动空间。

6.2.2　规划未建区街道综合服务中心服务范围划分原则

人口规模以规划居住人口10万为宜，规划超过15万人口宜进行拆分。

考虑到设施的步行服务半径一般为1000m左右，步行时间控制在15分钟左右，此原则如与人口规模有冲突，以人口规模为主进行核定。

尽量尊重现有行政管辖界线，主要指区界、镇（街）界、村界等，同时结合规划道路、自然地形、水体岸线等划定。

便于社会管理和开发建设。应充分考虑已出让项目的完整性和社区归属感等管理因素。

6.2.3　宜由政府保障在规划中集中设置，形成街道中心的设施配置标准应符合下表的要求。

街道中心配置标准建议表　　表 6.2.3

设施类型	《重庆市城乡公共服务设施规划标准》的千人指标（m^2/千人）		10 万人街道（m^2）建议最小控制规模		备注
	用地面积指标	建筑面积指标	用地面积规模	建筑面积规模	
街道服务中心	30	30	—	1500	建议按照容积率 1.5 控制用地，可以组合设置
街道办事处	20	20	2000	2000	
派出所	50	52	2000	3000	建议按照容积率 1.5 控制用地
老年人服务中心	>25	>12.5	1000	1000	养老院在专项规划中布局
社区卫生服务中心	60	60	4000	6000	10 万人以上增设，建议按照容积率 1.5 控制用地
全民健身中心	40	—	4000	2000	相邻设置
街道文化中心	25~50	20~40	2500	2000	
菜市场	80~120	80~120	3100	5000	按照容积率 1.5 控制用地
合计	—	—	18600	22000	—

6.3　居住小区服务设施的人性化

6.3.1　社区服务中心范围划分原则

人口规模以规划居住人口 1.2 万为宜。划分时既要考虑现状又要考虑未来设施运行的规模效益。

考虑设施的步行服务半径为 10 分钟步行距离，一般为 350m 左右。构建 10 分钟生活圈，当服务半径的原则无法满足时，以人口规模为主进行核定。

尽量尊重现有行政管辖界线和道路、地形等界线，具体包括区、镇（街）、村界等，同时结合规划道路、自然地形、水体岸线等。

便于社会管理和开发建设。应充分考虑已发件项目的完整性和社区归属感等管理因素，边界应无缝衔接、不交叉。

6.3.2　应在规划中引导集中设置的社区服务设施配置标准符合下表的要求。

社区服务中心配置标准建议表　　表 6.3.2

设施类型	《重庆市城乡公共服务设施规划标准》千人指标（m^2/千人）		1.2 万人社区（m^2）		备注
	用地面积指标	建筑面积指标	用地面积规模	建筑面积规模	
社区服务站（社区居委会）	—	60	—	600	—
警务室	—	3	—	50	—
老年人日间照料中心	65~100	50~75	1000	750	底层设置
多功能运动场	每户 1.5	—	1000	—	—
卫生服务站	—	>150		300	—
社区文化活动室	—	30	—	500	—
托育设施	—	—	—	300	—
菜店	—	50~80	—	500	菜市场规定服务范围内的社区不设
合计	—	—	2000	3000	—

7　道路交通设施的人性化

7.1　道路交通

山地城市居住区道路的人性化规划设计可从宏观层面和微观层面体现。在宏观层面，城市道路网的布局、密度、级配等需要满足山地城市组团式布局带来的城市交通需求和出行特征；在微观层面，城市道路的纵横断面设计、路面结构、道路绿化及景观等需要满足交通安全、便捷的要求，进一步提升交通参与者的舒适感。

7.1.1　路网布局

居住区道路等级分为四级，分别为居住区道路（相当于城市次干路）、小区路（相当于城市支路）、组团路、宅间小路。

居住区道路网的布局应因地制宜，从居住区交通可达性、效率性、安全性和私密性进行深入分析，选择适宜的路网布局形式。

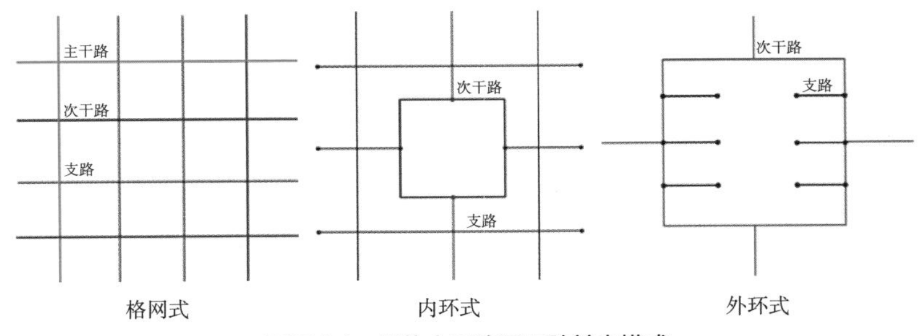

图 7.1.1　居住小区路网三种基本模式

居住区道路网的三种基本模式为格网式、内环式和外环式。设计中宜采用三种基本模式进行排列、叠加、变化等变异和衍生，形成优势互补的路网形式。

三种不同模式路网布局比较　　表 7.1.1

项目	格网模式	内环模式	外环模式
可达性	高	中	低
效率性	高	中	低
安全性	低	中	高
私密性	低	高	中

居住区内不宜有交通性的城市主、次干路穿越，同时，应重视居住区城市支路网系统的规划建设。

居住区内主要道路至少应在两个方向上与外围道路相连，应控制机动车道对外出入口数，其出入口间距不应小于 150m。

7.1.2　路网密度

居住区所在范围的城市道路宜保持一定间距，其中主干路 600~1200m，次干路 250~500m，支路 150~250m。

居住区路网密度宜为 8~12km/km^2，道路面积率宜达 15%~25%。其中，以轨道交通为主导的居住区，次干路及支路密度宜为 4~6km/km^2；以常规公交和小汽车为主导的居住区，次干路及支路密度宜为 6~10km/km^2。

7.1.3　道路设计

居住区内道路线形不宜采用太长或太短的直线，宜采用较小半径的圆弧曲线，以降低居住区内行车速度，为居住区创造安静、安全的生活环境。同时，道路急弯、反向曲线或挖方边坡均应考虑视线的诱导，避免遮挡视线。

居住区内道路纵、横坡度设计应有利于排水，参考《城市道路工程设计规范》（CJJ 37）、《城市居住区规划设计标准》（GB 50180），坡度取值宜适中，但合成坡度不宜超过 8%。

居住区内道路横断面应保证车行道、人行道及绿化带的布置。居住区道路、小区路的人行道及其绿化带宜高于车行道 8cm，以保证人车分离；组团路、宅间小路的人行道及绿化带与车行道宜保持在同一平面，车行道与人行道应采用不同铺装以示区别。

居住区道路红线宽度不宜小于 24m，车行道宽度不宜小于 9m，两侧人行道宽度

图 7.1.3-1 居住区道路横断面形式

图 7.1.3-2 居住区人行道及非机动车道

宜为 3m；小区道路红线宽度不宜小于 18m，两侧人行道宽度宜为 3~4m；组团路红线宽度宜为 12~18m，两侧人行道宽度宜为 3~4m；宅间小路红线宽度宜为 6~8m。道路横断面形式宜采用一块板，特殊路段采用三块板。

居住区内道路横断面的设计应综合考虑给水、排水、燃气、电力、通信等管道的设计及铺设要求，合理分配地上和地下空间，避免冲突。

在地形条件较好、景观较为丰富的区域，人行道、非机动车道宜结合自然景观规划设计，人行道、非机动车道宽度不宜小于 4m。

7.1.4 路面铺装

居住区内车行道路面宜选用沥青材料铺装，以降低行车噪声、尘土污染，避免路面反复损坏、维修带来的出行不便。

居住区内道路两侧人行道宜选用耐用、透水、防滑、环保的铺装材料，其形式、色彩还需同周边环境相协调，并应结合盲道统筹规划设计。

7.1.5 道路绿化

居住区内道路绿化应选择适宜本地区生长、具有地方特色的植物，其栽种、修剪应符合行车视线、行车净空等安全要求。

居住区内道路中央分隔带、交叉口安全岛、路侧带等景观绿化应因地制宜，不得妨碍车辆、行人的正常通行。

7.2 公共交通

7.2.1 轨道交通

应提高居住区轨道交通线路的覆盖率，提升居住区公共交通可达性，增强轨道交通对居民的出行吸引。

居住区内轨道交通站点出入口应设置醒目的指示标志，至轨道交通站点沿线的交通诱导标志应清晰、准确，应指明轨道交通线路、站点名称、与站点距离等必要信息。

居住区内轨道交通站点宜布设免费停车场，大力发展停车换乘系统，实现小汽车交通和轨道交通无缝接驳。

7.2.2 常规公交

应提高居住区常规公交线路的覆盖率，在适宜的区域规划布局公共交通首末站，进一步提高常规公交的服务水平。

常规公交线路宜较多布置于支路上，少量布置于次干路上。宜适当增加公交线路的绕行距离，减少公交车辆与社会车辆的相互干扰，为居民提供安全、便捷的出行环境。

加强居住区内常规公交与轨道交通的接驳换乘，增设常规公交接驳线路。

在适宜条件下，规划居住区公交专用车道，提高常规公交的路权优先级，提升常规公交的吸引力。

公交站台设计宜宽敞、舒适，应布设遮阳挡雨棚和候车座椅，附近宜摆放多个垃圾箱（桶）。

公交站台路牌应清晰醒目，广告牌不宜过多。宜布设公交信息发布系统，实时发布公交运行信息，方便候车乘客查询。

宜在客流量较大的公交站点设置喷雾、移动空调等降温设施，降低公交站台温度，为乘客创造凉爽、舒适的候车环境。

公交站台的设计宜结合居住区周边环境，规划布设个性化的站台形式，提升公交吸引力。

公交站台宜布设公交查询系统、免费无线网络、应急电话等现代化的服务设施，为乘客提供个性化服务。

7.2.3 出租车

居住区内次干路、支路宜布设出租汽车招停站，进一步规范出租汽车交通行为。

应严格限制出租汽车进入居住小区内部，保障小区居民日常出行安全。

7.3 慢行交通

7.3.1 自行车交通

居住区自行车交通规划设计应遵循“因地制宜、集约布局、理性发展、动静结合”的原则[①]，综合考虑区域地形地貌和居民日常出行规律等影响因素。

居住区自行车道线路规划宜结合附近公园绿地、广场等游憩地，宜独立于机动

① 参考《重庆市山地步行和自行车交通规划设计导则》。

图 7.3.1 “最后 1 公里”对自行车停车有需求

车道或形成一定的分离，宜采用彩色、防滑、透水的铺装材料，并配上醒目的指示标志。

居住区附近交叉口宜设置自行车专用交通信号灯、自行车等待区。自行车等待区应靠前设置，适当拓宽，确保自行车优先通过交叉口。

居住区周边常规公交站点和轨道交通站点附近宜布局自行车专用停车处，可派专人管理、维护，实现“最后 1 公里”的零距离换乘。

居住区周边宜规划布设公共自行车租赁点，鼓励居民短距离出行选择自行车交通。

7.3.2　步行交通

步行交通系统主要由人行道、人行横道、步行道、人行天桥和人行地道等组成，其规划设计须与其他交通系统相协调。

步行交通网络宜串联居住区周边公园绿地、广场、湖泊、绿道等游憩地，除解决居民步行交通出行之外，还应满足居民健身锻炼、休闲游憩的日常生活需求。

居住区内人行道与城市机动车道、非机动车道应分离布置，宜采用高差隔离、绿化隔离和设施隔离等措施，并限制机动车辆进入。

居住区内人行天桥、人行地道宜布设于车流量、人流量较大的道路交叉口或路段，人行天桥、人行地道楼梯坡道宜平缓，宜配备自动扶梯和垂直升降电梯，人行天桥应具备遮阴挡雨功能。

居住区内步行道规划设计应因地制宜，考虑地理位置、建筑风格、地方特色、周边环境，根据居住小区出入口位置、建筑分布，营造出不同视觉效果的景观步道尺度。

居住区内步行道宽度可分为三个等级：2~3m、1.2~1.5m、0.7m。2~3m 为自行车道和人行通道，可满足轮椅、救护和移动家具等通行需求；1.2~1.5m 适合步行尺度，满足行人双向通行要求；0.7m 为单人步行便道，适合一个人休闲漫步。

居住区内步行道应合理利用地形优势。坡度在 6% 以内时，按一般道路处理；坡度为 6%~10% 时，顺等高线做成盘山道以减小坡度；坡度超过 10% 时，须设置台阶，且每间隔 12 级台阶须设计休息平台。

居住区内步行道的长度应结合小区规模、绿地面积和人群需求确定，一般须在间隔 500m 长度以内布设休息座椅，其中尽端式步行道长度不宜大于 120m。

地形起伏较大、高差明显的居住区宜设置手扶电梯或垂直升降电梯，住宅入口须设置无障碍通道，方便特殊人群通行。

7.4 停车设施

7.4.1 路外停车

居住区停车主要依靠配套的地下停车库，部分通过地面停车场和路内停车泊位解决。

地下车库规划设计应综合居住区地形地貌，可设置为平台式、组团式等形式。

地下车库出入口宜布设两个以上，其中主出入口应设置于城市次干路上，出入口的位置应远离居住小区的步行主入口。地下车库出入口距离城市道路的规划红线不应小于 7.5m，以尽量降低进出车辆对居民出行和道路交通造成的干扰。

地下车库出入口宜设置防眩板（棚），或栽种适宜的遮阳树木，以逐步改变光线强度，防止造成眩目。

7.4.2 路内停车

居住区级、小区级道路规划设计宜适当预留路内停车空间，组团道路和宅间小路可不考虑路内停车。

居住区路内停车宜划定路段，允许停车路段须划定停车泊位，不得妨碍车辆通行。

8 市政公用设施的人性化

居住区公用设施规划应注重以人为本、经济适用，强调人与自然和谐共生，倡导资源节约及合理利用，促进居住区绿色低碳规划目标的达成。

8.1 规划原则

8.1.1 安全合理性原则。居住区公用设施的规划应能有效保护人的生命安全，使人方便、准确、快捷地工作、生活，提升住区秩序感，消除存在的安全隐患。

8.1.2 功能保障性原则。居住区公用设施规划布局应能满足广泛的通用性、功能性，同时满足居民生理、心理舒适度要求，使设施的建设和使用具有可持续性。

8.1.3 经济环保性原则。居住区公用设施规划应优先考虑经济环保性原则，规划布局经济合理、技术可行、环境友好。

8.1.4 亲和互动性原则。居住区公用设施规划应不仅能让居民享受到设施的使用功能，而且使其可在使用中舒适、自在地获得美的感受。同时，居住区公用设施还具有与使用者交流和对话的功能，规划应尽可能实现居民的意愿，真正地在公用设施与使用者之间架起一座桥梁，建立亲和互动的融洽关系。

8.2 能源设施人性化

8.2.1 电力设施人性化规划要求

居住区电力设施主要有开闭所、配电室等配电设施。

根据居住区地形、地貌、环境条件和空间用地情况合理布局电力设施，选址远离人群集中活动场所，结合公共建筑、绿地、地下室、地下车库、高层建筑设备层设置。

选择与周围环境及景观相协调的供电设施规划形式，宜采用小型户内式结构，结合地形建设地下、半地下变电站。

满足安全要求，设施本身应有绝缘箱体进行隔离，并设置醒目的标识。

在满足功能要求的基础上，应保证设施占地省、电力线路出线短。

新建供电设施应注意采用新技术，减少对居民以及周边环境景观的负面影响。

8.2.2 燃气设施人性化规划要求

居住区燃气设施主要包括燃气调压站、调压柜等设施。

设施规划选址应远离人群密集活动的场所，可结合地下室、地下车库、高层建筑设备层等进行布局。

满足安全要求，设施本身应有醒目的标识。

充分体现经济和环保理念，保证设施用地省、燃气管线距离短。

减少对居民及周边环境、景观的负面影响。

8.3 通信设施人性化规划要求

8.3.1 居住区通信设施主要包括固定通信设备间、有线电视机房、邮政所等设施。

8.3.2 通信设施规划应方便居民通话、上网、收听电视广播节目，满足邮寄、接发信件等需求。设施选址在交通方便、周边配套设施良好、生活便利且环境相对安静的区域。

8.3.3 应结合其他建筑或设施合理布局通信设施，节约用地。

8.3.4 通信管道路由的选择应考虑用户集中、路径短捷，有利于发展用户，且出线短、电磁影响小，并与居民和周边环境协调。

8.4 供水和雨水利用设施人性化规划要求

8.4.1 供水设施的人性化

居住区供水设施主要包括水泵站、水塔、调节池等。

供水设施规划应考虑居民需水量、住区地形和空间布局等因素，通过技术、经济、安全综合评价后合理确定。

给水系统应为居民生活、消防等合用系统，应满足居住区水量、水质、水压及消防供水的要求。

泵站、水塔、调节池等供水设施选址可结合地下室、地下车库、高层建筑设备层、屋顶设备间等进行布局。消防供水应严格按照国家规范进行规划，设施本身应有醒目的标识。

供水泵站供电应采用二级负荷，泵站结合周围环境条件，应与居住、公共设施建筑保持必要的卫生防护距离，站区周围应设置宽度不小于 10m 的绿化地带。

供水管线规划应结合道路和地形合理布局，保证管线距离短、施工开挖少。

8.4.2 雨水利用设施的人性化

居住区雨水利用设施主要包括雨水收集、贮存和利用设施，如雨水斗（口）、雨水收集池、雨水贮存设施、下凹绿地、雨水花园、景观水体以及雨水管道等。

应充分考虑居民对生态、景观、亲水等方面的需求，加强雨水利用设施规划，强化人水亲和互动。

应根据居住区规划布局、地形，结合竖向规划和景观水体位置，按照就近分散、综合利用、自流排放的原则进行雨水利用设施布局。

相关设施规划应满足居住区的雨水收集和利用需求。应充分利用居住区中的洼地、池塘和湖泊调节雨水径流，必要时可建人工调节池。

雨水花园、下凹绿地应根据居住区绿地规划进行合理布局。

自流排放困难地区的雨水，可采用雨水泵站或与城镇排涝系统相结合的方式排放。

雨水管道规划应距离短、开挖少、对周边环境影响小。

8.5 环保基础设施人性化

8.5.1 污水和再生水设施

居住区污水收集和处理设施主要包括污水提升泵站、污水处理站、再生水处理设施等。

应根据居住区空间布局，结合用地竖向和道路走向、坡向进行污水和再生水系统规划，相关设施规划应能满足居住区的污（废）水收集和处理需求。

污水泵站、污水处理、再生水回用设施可结合地下室、地下车库等进行布局，排水管线规划应距离短、开挖少、对居民和周边环境影响小。

污水提升泵站供电应采用二级负荷，结合周围环境条件，应与居住、公共设施建筑保持必要的卫生防护距离，站区周围应设置宽度不小于 20m 的绿化地带。

应设置污水系统事故出口，并应符合城镇供水水源和水域功能类别的环境保护要求。

宜通过技术经济比较，将居住区生活污水作为水资源加以利用，建设污水再生利用设施，经处理后符合相应用水水质标准的污水，可作为生活杂用水、环境景观用水等。污水再生利用规划应做到技术可靠、经济合理和环境不受影响。

8.5.2　环卫设施

居住区环卫设施主要包括生活垃圾分类收集点、密闭式垃圾分类收集站、垃圾转运站等。

相关设施规划保证居住区的生活垃圾能够得到妥善分类、收集和处置。

生活垃圾分类收集点、密闭式垃圾分类收集站、垃圾转运站可结合地下室、地下车库等进行布局。

设施布局应该方便环卫车辆出入，易于环卫工人作业管理，尽量减少对居民和周边环境的负面影响。

9　附则

本文件自发布之日起试行。

附录 J：（资料性附录）条文说明

J1 范围

考虑到社区规划类型的多样性，本文件的应用范围主要是需要更新、提升的城市既有社区的社区规划编制。社区规划作为研究性规划，是指导城市旧城更新的规划中的一种类型。重庆市农村社区的规划指引按照村规划的有关文件规定和要求进行。

J2 术语和定义

J2.1 城市社区的概念界定参考了《重庆市城市社区设置标准》中的定义。

J2.2 社区规划是服务于旧城更新的一种重要规划形式。旧城更新是指局部或整体地、有步骤地改造和更新老城市的全部物质生活环境，以便根本改善其劳动、生活服务和休息等条件。社区规划是考虑社区发展综合目标，以社区或街道为空间单元开展的综合性规划。涉及空间规划的成果在经过政府批准后需要经过控制性详细规划修改程序，修改控制性详细规划地块的规划设计要求才具有法律效力，约束具体的规划建设行为。

J2.3 “社区服务设施”概念根据《城市用地分类与规划建设用地标准》（GB 50137—2011）和《重庆市城乡公共服务设施规划标准》（DB 50/T 543—2014）对居住小区服务设施的界定，建议与《城市用地分类与规划建设用地标准》中的“服务设施用地”概念对应。具体为在居住用地中，居住小区及小区级以下的托幼、文化、体育、商业、卫生服务、养老助残设施、社区管理设施、市政公用设施。其中，“社区服务站”的定义参考《重庆市城乡公共服务设施规划标准》的相关研究成果。

J2.4 社会治理就是政府、社会组织、企事业单位、社区以及个人等诸行为者，通过平等的合作型伙伴关系，依法对社会事务、社会组织和社会生活进行规范和治理，最终实现公共利益最大化的过程。社区治理是治理理论在社区领域的实际运用，是社会治理的重要基础，也是国家治理的重要基础，它是指对社区范围内公共事务所进行的治理。社区治理是社区范围内的多个政府、非政府组织机构，依据正式的法律、法规以及非正式社区规范、公约、约定等，通过协商谈判、协调互动、协同行动等对涉及社区共同利益的公共事务进行有效管理，从而增强社区凝聚力、增进社区成员社会福利、推进社区发展进步的过程。由居委会来提供各种服务。组织开展各类活动是增加社区参与途径的重要方式之一。社区治理作为一种综合性管理，涉及社会生活的方方面面。就其本质而言，其是一种在区域范围内进行的自治性社会管理活动，它体现社区成员的意愿，反映社区成员的需要，最终依靠社区成员自己的力量满足其利益需求。

J3 总则

由于社区资源的有限性，在目标设定和规划原则上可量力而行，避免盲目性，强调促进社区共识。

社区特色的彰显是社区规划编制的重要目标之一。

社区规划应充分考虑社区大多数人的需求为基础，尽可能满足特殊人群的需求，提升社区的发展水平。

应通过完善城市功能、强化城市活力、促进创新发展、增加社区公共服务供给、增强和改善邻里关系、优化社区治理，以提升居民社会融入和社区参与度为手段，努力满足居民社会归属感、安全感、心理健康等精神文化层面的需求，提升社区居民的幸福感。

J4 社区现状分析

J4.1 现状分析的内容

本条文规定的工作范围和内容，是在参照国内外社区规划经验的基础上确定的，为普遍性要求，即社区现状发展条件分析技术工作应具备的基本内容，是保障社区规划符合社区自身现状资源特征、满足社区综合发展需要的前提依据，因而要求基础数据准确、分析方法科学，最终可形成完整明晰、客观准确的社区现状分析报告。社区建设发展中各阶段社区规划形成的现状分析报告应以基础数据库形式汇总。由于各社区现状情况差异较大，可根据实际情况，对条文中现状发展条件分析中现状基础资料收集和现状调研内容要求的具体内容进行调整。

考虑社区相关利益主体的多样性，且社区建设工作的开展需多方协助参与，因而要求社区发展需求的调研主体应包括管理层级和基层层级的群体。考虑社区规划作为社区居民自治的重要载体，社区居民是需求调查的调查主体。

除条文提及的三类调查对象，各社区规划可根据实际情况，增加调研对象，提出更明确的调研要求。为方便规划工作推进和实施管理，社区调查应以社区为单元开展。调查内容基于问题导向型的规划工作模式，引导调查主体就社区主要问题、社区发展、社区建设参与三大部分内容提出意见，有助于共同决定社区中的综合问题、发展方向。

根据相关规划经验，调查主体发展诉求存在分散、零碎的特征，为能够深入探讨和完善社区当前所面临的问题、应对措施和可能需要协调的注意事项，规划师必须对调查结果开展汇总、梳理工作，并就梳理结果通过多方联合参与的座谈会形式进行意见征询，直至形成基于大多数共识的调查报告。

J4.2 现状分析的要求

考虑社区内部问题的多样性和复杂性，为能正确判断社区主要问题和发展方向，需要开展详尽、细致的前期基础资料收集和调研工作，部分工作需要社区居委会、街道办事处、民政局、规划和自然资源局等多方协助完成，同时为保证研究评价结果的客观真实性，有必要采用多种数据采集方式开展工作。

考虑非规划专业群体参与规划的局限性，为了引导调查主体的全面参与，调查方式应更加多样。因此，条文建议了问卷发放、随机访谈、座谈研讨、公示、电子邮件等多种公众参与方式，各社区规划可在工作开展阶段根据需要进行完善。

社区发展诉求调查不能仅局限在规划前期阶段，而应贯穿社区规划全过程，包括社区规划目标、社区发展策略、空间规划措施、规划实施建议模式等在各阶段工作都应征询和收集调查主体意见。

J5 社区分类及中心布点规划

J5.1 社区分类

本文件的适用范围是城市社区，农村社区不在引导范围内。根据国家发展和改革委员会发布的《低碳社区试点建设指南》，城市既有社区是指已基本完成开发建设、基本形成社区功能分区、具有较为完备的基础设施和管理服务体系的成熟城市社区；城市新建社区是指规划建设用地 50% 以上未开发或正在开发的城市新开发社区。

建议划分的社区发展类型供编制人员参考。

J5.2 社区划分及社区中心布点规划的内容

社区划分工作是开展社区规划工作的基础，未开展的区（县）或街道应开展此项工作，为社区规划提供上位规划条件。通过该社区划分及社区中心布点规划分析和了解社区的发展特征与发展类型，分析各社区的发展趋势，提出社区发展和管理的合理边界，制定碳排放总量的目标，对社区服务中心的选址与用地控制规模提出建议，有利于引导各社区的改造与提升。

J6 社区发展目标

城市既有社区低碳化改造的发展指标结合国家发展和改革委员会发布的《低碳社区试点建设指南》进行制定。社区发展目标是多样化的，应结合社区发展条件和甲方的诉求提出发展目标，通过充分讨论后达成共识。围绕目标编制规划内容，编制目标可包括文化品质目标、低碳改造发展目标、交通和环境整治目标、智慧社区发展目标等。

J7 社区服务设施规划

J7.1 社区服务设施分类

社区服务设施中公益性设施是满足居民基本需求的设施，需要由政府直接提供，而经营性设施应由市场主体在法律容许的范围内独自决策调整使用功能。因此，文件明确了这两种类型设施的划分依据，并且对公益性设施规划提出控制性要求，其选址、用地面积、建筑面积等应按照《重庆市城乡公共服务设施规划标准》（DB 50/T 543—2014）执行；对经营性设施规划提出指导性要求。

由于已建成社区的建成年代、所处区位、居民构成不同，需要增加或改造的社区级公益性社区服务设施也会有所不同，如有的社区缺乏文化设施，有的社区缺乏养老设施，有的社区缺乏教育设施等。因此社区服务设施规划以改造和补充为主，根据实际情况提出规划保留、规划新增、规划改造设施的类别、位置、用地规模和建筑规模等，但规划的设施面积不得小于现状用地面积或不小于控制性详细规划确定的面积。若已建成社区可利用空间确实有限，在新增设施的建筑面积符合《重庆市城乡公共服务设施规划标准》的前提下，其用地面积可采用一定的折减系数。

公益性服务设施一般需要政府财政支持才能建设或运行，如公立医疗设施、公共图书馆、保障性养老设施等。

经营性服务设施是以市场化调节为主的社区服务设施，有利益驱动因素，民间的建设和投入积极性较高，政府的职能是服务和引导，具体包括商业商务设施、市场设施、影剧院、游乐场、民营培训设施等。也包括准公益性设施，即需要得到政府的扶持才能顺利推动建设的设施，如为满足较高服务需求设立的民营医疗设施、民办养老设施等，以及为进城务工人员子女服务的民办小学教育设施和优质的民办中小学设施。

J7.2 社区服务设施规划内容

为了集约节约用地、方便居民就近获得公共服务，在使用性质相容的情况下，本文件鼓励社区级公益性服务设施、经营性服务设施以及社区公园、广场等集中布局。同时，考虑到城市轨道交通站点是居民出行的重要平台，本文件也建议在位于社区范围内的轨道交通站点附近，集中布局各类商业服务、公共管理、文化体育、医疗卫生等设施，形成社区服务中心。社区服务中心的配置规模参照《重庆市城乡公共服务设施规划标准》和《重庆市主城区街道和社区综合服务中心布点规划》成果设置。从社区规划的可实施性角度，本文件也提出可对社区服务中心的内部功能布局形成示意图。

为保障社区管理服务的基本空间，若无条件规划形成社区服务中心的社区，可规划布局社区管理和服务设施用房，其配置标准是依据《中共中央 国务院关于加强和完善城乡社区治理的意见》中关于“加快社区综合服务设施建设”的要求，以及《国务院办公厅关于印发社区服务体系建设规划（2011—2015年）的通知》（国办发〔2011〕61号）和《重庆市人民政府办公厅关于印发重庆市社区服务体系建设规划（2011—2015年）的通知》（渝办发〔2012〕135号）。从社区规划的可实施性角度，本文件也提出可对1处以上的社区管理和服务设施用房的内部功能进行详细布局设计，形成示意图。

J8 社区环境整治规划

考虑现状大多数社区供居民使用、活动的体育场地严重缺乏，从方便使用、节约用地的角度，本文件鼓励社区体育设施及场地可结合社区活动广场、社区公园、街头公园配置，但不得挤占公园中的绿化面积；鼓励社区内的学校文体设施定时对社区居民开放，以满足全民健身的需求。

《宜居重庆建设总体规划》要求，至2012年，重庆市中心城区人均广场面积达到0.16m^2。《城市道路交通规划设计规范》（GB 50220—1995）要求，城市交通集散广场用地按照每人0.07~0.1m^{2}控制，游憩集会广场用地按照每人0.13~0.4m^{2}控制。社区内部的广场主要供居民日常活动、休闲所用，属于游憩集会广场。根据相关文献，广场适宜的人均使用面积为3.5m^2，在居住社区中大致每30人中有1人到社区活动，所以，社区广场总规模理论值=广场服务人口 ×3.5m^2/人=社区总人口/30人 ×3.5m^2/人。根据《重庆市城市社区设置规范》（DB50T 58—2015），集中型城市社区居民人口规模为3000~5000户，按户均2.5人计（《重庆统计年鉴》（2014年），都市区户籍人口636.31万，总户数251.88万户），则城市社区居民人口为0.75万~1.25万。由此，社区人均活动广场用地规模=社区广场总规模/社区总人口=0.07~0.20m^2/人。考虑社区活动广场规模不宜太小、过于分散，本文件控制单个社区活动广场的规模在200m^{2}以上，服务半径不宜超过500m。

《重庆市城市园林绿化条例》（2014年修订）要求，旧城区改造中绿地面积占建设用地总面积比例不低于25%，新区开发建设绿地面积占建设用地总面积比例不低于30%，其中居住区人均公共绿地面积不低于1.2m^2。《重庆市主城区绿地系统专项规划》

（2014年）中要求规划新建一类居住用地的绿地率不低于35%，二类居住用地的绿地率不低于30%；严格控制老城区居住用地的绿地率，改造后绿地率应达到25%以上。《重庆市城乡总体规划（2007—2020年）》（2014年深化）提出，至2020年，都市区规划人均公园绿地25m^2；新规划居住区公园绿地面积应不低于2m^2/人，现状公园绿地指标不足的居住区应通过改造达到1~2m^2/人；居住小区公园绿地规模约为1hm^2，最大服务半径为500m。综上所述，考虑重庆市正在积极申报国家生态园林城市，参照上海、天津等城市相关规范，本文件建议社区人均公园绿地规模按照不低于2m^2控制；考虑社区公园绿地规模不宜太小及太过分散，本文件建议单个社区公园或小游园的规模控制在1000m^2以上，服务半径不超过500m，同时绿地率应大于65%。

J9　社区交通设施整治规划

基于当前条件，大多数已建成社区基本上都存在停车位严重不足的情况。因此，首先，应根据社区人口总量、居民收入、不同性质的建筑容量，测算社区停车需求量，同时比对现状停车量，评估目前社区停车位的缺口。其次，采取多种措施增加停车位，例如利用夜间道路车行量较小的道路可划定夜间路边停车带；充分利用社区边角空地或堡坎地，在不影响小区绿化面积的情况下，增设绿荫停车场、立体停车设备，因地制宜地新建、扩建、改建机动车位，解决占道停车和路内停车现象。同时，考虑社区服务中心、中小学幼儿园、轨道交通站点等设施人流量大，对停车需求大，因此可利用设施附近车行量较小的道路、空置场地，划定停车带或停车场，方便人流集散。

为营造舒适、宜人的居住生活空间，应强调社区步行与自行车系统的建设，包括利用城市道路两侧的人行道空间、居住小区组团的内部道路与绿化、阶梯巷道等，形成贯穿整个社区，通达各公共设施、公交站点和公共活动空间的步行与自行车系统。同时，从可识别性和方便使用的角度，步行与自行车系统应创建具有特色的节点空间、无障碍设施，统一、易懂的交通导引标识，安全、人性化的过街设施、照明设施、绿化种植配置等。

J10　社区市政公用设施整治规划

基于社区经济社会实际情况、建设条件和发展需求，提出市政公用设施规划目标。妥善处理市政公用设施与周边建成区环境的关系，力求建成安全、高效、生态的现代化能源、水循环、环卫等市政公用设施，建设市容整洁、环境优美、生活便利的宜居社区。

社区规划应落实、衔接城市总体规划、分区规划、其他专项规划对市政公用设施的布局和要求，衔接社区外围城市市政公用设施建设。整合现有的市政公用设施，合理确定规划保留、改造和新增的设施类型与规模；明确改造和新增的需独立占用空间的市政公用设施选址布局与控制要求，合理安排各类市政公用设施管线布局。

大多数已建成社区都存在市政公用设施老化、规模数量配置不足的问题，包括电力、燃气等能源设施，给水、雨污排水等水循环设施以及垃圾收集处理设施等。社区市政公用设施规划首先应依据城市总体规划、分区规划及城市其他专项规划要求，衔接社区外围城市市政基础设施建设，提出统筹布局的改造要求；其次应根据社区自身实际情况，合理布局社区内部市政公用设施。

考虑已建成社区的改造难度，市政公用设施整治规划应根据改造工程复杂程度，征询社区居民、市政建设相关管理部门意见，分近、远期提出实施要求。近期实施困难的项目应进行备案，待有条件、必须实施时开展改造工作。

J10.1　社区能源设施规划

为了集约节约利用能源，最大限度地实现区域能源的综合效益，需要统筹考虑社区周边市政、能源资源，实现常规能源高效利用、可再生能源优先选择。应积极开发应用风能、太阳能、地热、生物质能等可再生能源，形成可再生能源与常规清洁能源相互衔接、相互补充的能源供应模式。

为实现社区能源可持续规划，首先必须做到常规能源高效利用，需要优先采用市政能源集中供应方式，有效衔接市政能源供给系统，尤其需要落实、衔接城市总体规划、分区规划、其他专项规划对能源基础设施的布局和要求，衔接社区外围城市能源基础设施建设，优化能源结构，提高利用效率。其次，在可再生资源丰富的区域，应鼓励新建社区建立可再生能源发电系统，积极建设太阳能光电、太阳能光热、水源热泵、生物质发电等可再生能源利用设施。提倡采用太阳能路灯、风光互补路灯，在公交车站棚、自行车棚、停车场棚等建设光伏发电系统。鼓励利用生物质能、地热能等进行集中供暖，有条件的地区应积极利用工业余热或采用冷、热、电三联供。鼓励构建智能微电网系统，建设节能型社区。

J10.2　社区水循环利用规划

为实现社区资源可持续利用，维护水资源、水生态平衡，需要统筹社区内、外水资源条件，按照市政供水节约高效利用、社区内水资源循环利用的原则，构建社区水资源循环利用系统。社区规划中必须优先利用和衔接市政给水排水体系，加强雨水资源收集利用，鼓励污水再生回用，充分利用生态手段和信息化技术，同步规划建设市政供水和非传统水资源利用一体化设施。

水资源循环利用主要包括对雨水、再生水两种非常规水资源的收集与再利用。其中，雨水收集利用需要开展社区雨水源头控制和利用，结合社区空间布局、道路走向、水体分布情况和雨水资源利用实际条件，合理采用透水铺装、下凹式绿地、雨水花园和景观调蓄水池等方式调蓄、滞留和利用雨水，加强社区雨水控制和利用系统建设。为实现污水就地处理和再生水回用，在社区邻近范围无市政再生水厂的情况下，鼓励社区污水的就地、就近处理和回用。同时，鼓励通过市场化模式，引入第三方专业企业，参与社区内公共建筑、小区或社区级的污水处理和回用设施的建设。

J10.3　社区垃圾收集处理规划

社区规划应注重促进垃圾减量化收集、资源化利用、无害化处理，实现社区垃圾分类收集、分类运输、分类处理和综合利用。统筹协调社区垃圾收集转运系统与城市垃圾收集处理系统的关系。

社区针对不同的垃圾收集与利用可采用不同措施。对于纸类、玻璃、金属、塑料包装物等回收利用价值较高的废弃物，应通过加强分类收集和分拣实现全面回收，实现资源利用；对于有机质含量较高的餐厨垃圾，可设置生化处理装置，将其制成优质有机肥，供社区内绿化使用；对于建设中产生的工程渣土，应就地平衡消纳。同时，垃圾收集与处理设施规划应满足社区生态环境保护、卫生和景观要求，应减少其运行时产生的废气、废水、废渣等污染物对城市的影响。

根据垃圾回用和处置方式，遵循垃圾分类收集的原则，对可回收利用垃圾、可焚烧垃圾、可堆肥垃圾、有毒有害垃圾分类收集，从源头上减少社区垃圾产生量。

加强社区生活垃圾回收利用，通过生化处理（堆肥、厌氧发酵等）等途径实现生活垃圾资源化。

统筹协调社区垃圾收集转运系统与城市垃圾收集处理系统的关系。一方面，充分利用城市环卫设施、设备，为社区提供服务；另一方面，通过引入国内外先进的环卫技术、设施、设备和先进管理模式，提高社区垃圾收运管理水平。

J11　近期整治规划

近期整治规划应结合社区自身的财力和物力情况，合理安排计划项目，与街道和社区居委会负责同志一起协商，确定优先顺序。

近期整治规划内容中根据市、区民政局专家的意见，通过社区规划整合不同的上级行政主管部门对社区网格化管理提出的要求，避免一个部门一个网格的情况发生，以有效提高基层社区治理的预见性和效率。

J12 社区参与

社区参与是规划编制过程中的重要工作，应以有一定共识的社区居民团体为基础，在广泛听取居民代表和社区物业管理部门的意见的基础上开展，避免编制过程过于主观性。

J13 成果的统一格式

参照《重庆市控制性详细规划编制技术规定》的格式要求提出。

J14 附则

社区规划作为非法定规划，具有倡导性规划的特征，规划过程与社区居民参与的决策审议过程应有机结合，重要事项应按照《中华人民共和国城市居民委员会组织法》的程序要求进行决策。

社区规划师制度是未来空间规划精细化的发展趋势，建议以社区规划编制为契机，逐步形成相对稳定的社区规划师制度。

参考文献

[1] 阿尔多·罗西，2006. 城市建筑学 [M]. 黄士钧，译 . 北京：中国建筑工业出版社 .

[2] 陈波，2019. 基于场景理论的城市街区公共文化空间维度分析 [J]. 江汉论坛，（12）：128–134.

[3] 陈波，侯雪言，2017. 公共文化空间与文化参与：基于文化场景理论的实证研究 [J]. 湖南社会科学，（2）：168–174.

[4] 陈凤，2021. 城市老旧社区公共空间活力营造研究以北京市八角社区为例 [D]. 北京：北方工业大学 .

[5] 陈劼，2019. 城市触媒理论的文献综述 [J]. 城市建筑，（7）：41–43.

[6] 陈如波，2013. 创新城市规划理念下的精细市政规划策略探讨 [J]. 城市规划，41（8）：127–131.

[7] 城乡规划学名词审定委员会，2020. 城乡规划学名词 [M]. 北京：科学出版社 .

[8] 丁睿，2020. 社区规划发展历程国际比较研究 [J]. 四川建筑，40（6）：26–28.

[9] 杜宁，龚志渊，2018. 转制型社区的规划与治理创新——以深圳市龙岗街道大社区规划为例 [C]// 中国城市规划学会 . 共享与品质——2018 中国城市规划年会论文集 . 北京：中国建筑工业出版社 .

[10] 甘草，尚月，2021. 场景理论视角下北京历史水系复建比较研究 [C]// 中国城市规划学会 . 面向高质量发展的空间治理——2021 中国城市规划年会论文集 . 北京：中国建筑工业出版社 .

[11] 黄瓴 .[2021–06–28]. 实施城市更新行动背景下的社区规划思考 [EB/OL].https：//mp.weixin.qq.com/s/vbWFJIIVJU35MOCmYlKBbA.

[12] 黄瓴 . 2012. 从“需求为本”到“资产为本”——当代美国社区发展研究的启示 [J].

室内设计，27（5）：3–7.

[13] 黄瓴，李希越，蔡琪琦，2016. 创新社会治理下的特色化社区发展研究——以重庆渝中区为例 [C]// 中国城市规划学会 . 规划 60 年：成就与挑战——2016 中国城市规划年会论文集 . 北京：中国建筑工业出版社 .

[14] 简・雅各布斯，2005. 美国大城市的死与生 [M]. 金衡山，译 . 南京：译林出版社 .

[15] 凯文・林奇，2001. 城市意向 [M]. 方益萍，何晓军，译 . 北京：华夏出版社 .

[16] 柯布西耶 . 1996. 雅典宪章 [M]. 施植明，译 . 台北：田园城市文化事业有限公司 .

[17] 李林，2016. 新形势下的北京市政基础设施规划 [J]. 建筑科学，13（15）：85–86.

[18] 李天彬，2006. 城市触媒在城市规划建设中的作用 [J]. 油气田地面工程，（4）：37–38.

[19] 刘东超，2017. 场景理论视角上的南锣鼓巷 [J]. 东岳论丛，38（1）：35–40.

[20] 刘君德，2002. 上海城市社区的发展与规划研究 [J]. 城市规划，（3）：39–43.

[21] 刘中起，吴娟，2005. 中国公众参与城市社区规划：社区建设语境下的重大实践 [J]. 北京规划建设，（6）：24–26.

[22] 芦原义信，2006. 街道的美学 [M]. 尹培桐，译 . 天津：百花文艺出版社 .

[23] 聂愈人，2019. 包容性理念下重庆市渝中区老旧住区更新策略研究 [D]. 重庆：重庆大学 .

[24] 彭翔，2018. 重庆城市社区发展与规划介入研究（2010—2017）[D]. 重庆：重庆大学 .

[25] 钱征寒，牛慧恩，2007. 社区规划——理论、实践及其在我国的推广建议 [J]. 城市规划学刊，（4）：74–78.

[26] 沈娉，张尚武，2019. 从单一主体到多元参与：公共空间微更新模式探析——以上海市四平路街道为例 [J]. 城市规划学刊，（3）：103–110.

[27] 盛树嫣，2019. 包容性理念下旧城社区更新规划策略研究 [D]. 苏州：苏州科技大学 .

[28] 孙美玲，2019. 基于自组织理论的雄安新区社区韧性提升策略研究 [D]. 北京：北京建筑大学 .

[29] 汤超，2010. 浅谈小尺度城市公共空间活力塑造 [J]. 中外建筑，（1）：51–52.

[30] 唐忠新，2000. 中国城市社区建设概论 [M]. 天津：天津人民出版社 .

[31] 童明，白雪燕，秦梦迪，等 . [2021–8–11]. 城市社区 01 | 社区是否可以被规划？[EB/OL]. https：//mp.weixin.qq.com/s/QYfslCeZL9txdXangKlj8Q.

[32] 童明，王澍，王世福，等，2021. “高品质公共空间的协同营造机制” 学术笔谈 [J]. 城市规划学刊，（1）：1–9.

[33] 王锋，严嘉欢，2021. 北上广社区营造的协商治理实践及其启示 [J]. 湖州师范学院学报，43（1）：69–76.

[34] 王茜，2016. 探索社区发展模式的新视角：从“需求为本”到“资产为本”[J]. 求知导刊，（9）：37–38.

[35] 王婷，徐川，2010. 浅谈城市规划中的基础设施规划 [J]. 四川建筑，（3）：11–16.

[36] 乌卜扬，蒋哗，2008. 浅析城市规划中生态基础设施的建设 [J]. 中国高新技术企业，（8）：146–147.

[37] 吴迪，2013. 基于场景理论的我国城市择居行为及房价空间差异问题研究 [M]. 北京：经济管理出版社 .

[38] 吴军，2017. 场景理论：利用文化因素推动城市发展研究的新视角 [J]. 湖南社会科学，（2）：175–182.

[39] 吴晓林，郝丽娜，2015.“社区复兴运动”以来国外社区治理研究的理论考察 [J]. 政治学研究，（1）：47–58.

[40] 谢英挺，2008. 居住区道路指标与路网模式研究 [J]. 规划师，（4）：26–30.

[41] 杨・盖尔，2002. 交往与空间 [M]. 何人可，译 . 北京：中国建筑工业出版社 .

[42] 杨贵庆，房佳琳，何江夏，2018. 改革开放 40 年社区规划的兴起和发展 [J]. 城市规划学刊，（6）：29–36.

[43] 杨梅，2016. 社区规划发展历程及国内典型实践的思考 [C]// 中国城市规划学会 . 规划 60 年：成就与挑战——2016 中国城市规划年会论文集 . 北京：中国建筑工业出版社 .

[44] 于海漪，2010. 日本公众参与社区规划研究之二：社区培育的起源与发展（上）[J]. 华中建筑，28（12）：177–179.

[45] 张琳，2007. 城市公共空间尺度研究 [D]. 北京：北京林业大学 .

[46] 张翔，2013. 大型居住社区交通规划研究 [J]. 交通与运输，29（5）：4–6.

[47] 张杨，2004. 城市公共空间尺度分析——空间需求与空间尺度的理论基础性研究 [D]. 上海：同济大学 .

[48] 章征涛，李和平，2016. 包容性城市更新理论建构和实现途径研究 [J]. 西部人居环境学刊，31（3）：113–114.

[49] 重庆市规划和自然资源局，2021. 社区规划师工作汇报稿 [R].

[50] 梓耘斋建筑 . 昌里园 . [2021–08–11]. 上海 [EB/OL]. https：//www.gooood.cn/changli–garden–tm–studio.htm.

后　记

城市社区规划编制工作的开展是社区居民主人翁意识建设的重要途径。随着我国逐步进入物质生活相对丰富的时代，通过高质量发展，追求高品质生活成为全社会的共识。为了让我们的物质环境与精神环境都能够体现高质量发展的需求，通过开展城市既有社区的倡导性社区规划编制，在规划编制过程中，实现社区居民充分参与社区发展事务的决策过程。或者说，社区居民有机会积极主动地参与改善物质环境设计方案的决策过程，使每一个居民的意见都有机会得到表达和听取。大家都能够心情舒畅地为改善自己的生活环境尽一份心、出一份力，实现自我价值的更大化，有利于推动高品质精神生活环境的建设。

此项工作在重庆市规划和自然资源局的推动下开展。2014 年，重庆市规划设计研究院承担了重庆市江北区鲤鱼池片区社区规划编制试点工作，由规划二所的李静作为项目负责人，取得了初步的实践经验，项目获得了重庆市优秀规划设计成果奖。2016 年在原重庆市规划局总工办主任胡海的支持下，得到原重庆市规划局和能源基金会的资助。项目组还与重庆大学黄瓴教授领衔的团队共同承担了编制《重庆市城市社区规划编制导则》的任务，该导则于 2018 年 12 月 25 日由重庆市规划和自然资源局审定并发布试行。重庆市近年来的工作重心已深入社区家园的规划建设和建立社区规划师制度的工作。同时开展的还有由重庆市建设委员会主导的旧城更新规划编制工作，发布了《重庆市绿色社区创建、完整居住社区建设操作指南（试行）》等文件，推动城市既有社区的更新改造。以重庆市规划设计研究院规划三所副所长王梅为项目负责人的团队编制了《重庆市中心城区城市更新规划》，在推动重庆市旧城社区场景营造方面进行了积极的探索。本书作者一直关注《重庆市城市社区规划编制导则（试行）》的实施情况，从效果看并不理想，所以希望在总结各地经验的基础上，通过本书的出版，以简明手册的方式，让更多的市民和社区工作者有机会了解和熟悉社区规划编制工作是什么，为什么要编，如何开展和参与编制工作，以此推动社区规划编制工作的开展。

本书在立意和起草过程中还得到了余颖、卢涛、彭瑶玲、廖正福、肖泽敏、李俐娟等领导，黄天其、姜洋、黄瓴、贺帅帅、舒沐晖、傅彦、樊海鸥、陈晓露、林微微等专家的关心和支持，得到了余军、曹春霞、杨乐、莫宣艳、王梅、李希越、董海峰、林森、陈敏、闫晶晶、胡伟、邱月、黎锐聪、宣雪纯等多位同事、同仁的悉心帮助、亲自修改和指导，以及家人的支持与鼓励，在此表示诚挚的谢意！如有疏漏和不足之处，敬请广大读者谅解。如有修改和完善建议，请将意见反馈到作者邮箱264889579@qq.com。